你不努力
凭什么谈未来

赵 润 ◎著

煤炭工业出版社
·北 京·

图书在版编目（CIP）数据

你不努力，凭什么谈未来／赵润著. ——北京：煤炭工业出版社，2018（2019.3 重印）
ISBN 978-7-5020-7069-4

Ⅰ.①你… Ⅱ.①赵… Ⅲ.①成功心理—通俗读物 Ⅳ.①B848.4-49

中国版本图书馆 CIP 数据核字（2018）第 260041 号

你不努力 凭什么谈未来

著　　者	赵　润
责任编辑	高红勤
封面设计	程芳庆
出版发行	煤炭工业出版社（北京市朝阳区芍药居 35 号　100029）
电　　话	010-84657898（总编室）　010-84657880（读者服务部）
网　　址	www.cciph.com.cn
印　　刷	北京铭传印刷有限公司
经　　销	全国新华书店
开　　本	880mm×1230mm $^1/_{32}$　印张　$7^1/_2$　字数　180 千字
版　　次	2018 年 12 月第 1 版　2019 年 3 月第 2 次印刷
社内编号	20181538　　　　定价　36.80 元

版权所有　违者必究

本书如有缺页、倒页、脱页等质量问题，本社负责调换，电话：010-84657880

前言

我是一名老师,我很骄傲,也知道自己该做什么,就这样,一天复一天,在三尺讲台上看着学生的成长。

一天,一位编辑朋友来我家做客,谈到了努力与未来。

"这个你最有发言权啊,你谈谈看法呗!"

我笑了笑,这两个概念太大,不知道从何说起。很多时候,我也想给我的学生传达这样的理念,但大多数情况下是"说者有心,听者无意"。

在过去的一段时间里,我错误地认为,努力与未来,是要靠人自身参悟的,别人难以说服。

"你这个想法有误人子弟的嫌疑啊!"他半开玩笑地说。

我吃了一惊,是的,我很多时候只关心到学生的课程,从来也不关心孩子的成长,我失职了。关键是我明知道这一点,却非但没想办法解决,反而以拙劣的借口来安慰自己。虽然家长们大多只是关心孩子的成绩,但"育人"这一点,我并没有做到。

在过后的几个月内,我有空就泡在图书馆和网络上查资料,并请教了心理专家和教育专家。虽然很忙碌,但这段时间不可谓不充实，我努力在追求答案，虽然"效果"不是很明显，但我已经尽力。

几个月之后，这位朋友再次来我家里，对我竖起了大拇指。

"当时我只是一句玩笑，你还当真了。"

"你说得没错，如果这种价值观没有人能够正确地传达，将会影响孩子的一生。每次看到新闻上有青少年因为相关问题做出傻事，我都会反思，虽然客观上与我无关，但足以让我重视起来。"

他认真问我："有没有写点东西的打算？"

我笑了笑说："我这水平行吗？"

"文字是其次，观点和认识才是最重要的，不能辜负你这么长时间的探索啊！"

听了他的话，我决定写这本书。在书里，我尽量避免通过说教来阐述自己的观点，可能这些观点读者都略有耳闻，但不妨碍我在细节上进一步阐述。

经历了四个月的时间，这本书终于完稿。全书我都是在深夜写的，以让我有清晰的思路。

其间，很多次因为工作忙碌，都感觉坚持不下去了，但朋友一直在鼓励我。

关于本书，我上面也说过，尽量避免说教。这是我在工作中学会的，大道理，说者头头是道，听者备感乏味。为了避免尴尬，我以讲故事为主。

努力和未来有什么关系？

为什么要努力？

怎样成就更好的自己？

......

  我要说的很多，但水平有限，也不知道表述清楚没有。无论怎样，这本书包含了我的心血和认真。我相信，这本书总能给读者带来点启发，哪怕是一丁点儿，我也心满意足。我的要求不高。在这里，再次感谢我的朋友指点迷津，我也一直在努力，希望能够到达不一样的终点。

  最后，我想说，你可以不关注未来，或许你看不清未来，但当下的努力是必要的。

作者

2018.11

目录

Part 1
努力到无能无力，拼搏到感动自己

不逼自己一把，看不清自己	002
对得起自己的，唯有坚持	005
对你和环境，都需要有清晰的认知	008
不依赖他人，只有自己靠得住	012
可以不挑剔，但不可以没主见	016
机会到不到来，你都需要努力	020
你拼尽全力的样子，令人心动！	023
也许环境不好，但你要学会忽视	026
努力，是你真正的人生尊严	030
如不曾卑微过，何来的闪亮	034
相信命运，不如相信奋斗	037

Part 2
世界充满力量，你要学会友好

善待他人，就是成就自己	042
接纳自己，无论完不完美	046
忘记那些不愉快的过往	049

别人的否定，证明你有成长空间 053
藐视琐事，不为杂念买单 056
变通的性格，造就优质团队 059
小事不争辩，随遇而安就好 062
环境，并非是你一个人的 066
念人之恩，思己之过 069
挺胸抬头，拒绝高冷 073
对不起，你只是看起来很勤奋 077

Part 3
努力就是持续的煎熬

世界给我冷漠，我报之以歌 082
只要足够努力，美好终将如期而至 085
纵使万般风雨，人生也决不言弃 091
生命从不懒惰，你要学会拼搏 095
每个生命，都不轻松 098
没必要在挫折中沉沦，因为挫折很多 102
压力让你恐慌，但你必须镇定 106
唯一不被消磨的，是强大的内心 109
无论如何窘迫，留一份自尊给自己 113
如果看到希望，就不会绝望 117

Part 4
受得住沉默，耐得住寂寞

优秀的人，都有一段沉默时光	122
得到太快，也是一种负累	125
在寂寞的时候，读懂自己	129
在喧闹的场合，看清旁人	132
不断变好的路上，总是心如止水	135
承认规律，生命自有自己的出路	139
无助的日子，不要放弃希望	142
急于求成，不如放缓心态	146
不轻易跟随，学会独立思考	150
在工作场合，请拒绝"佛系"	154
没有绝望的处境，只有对处境绝望的人	157

Part 5
抬头看清前路，低头把握自己

看得清前路，把握住自己	162
理想的路上，或许没有路灯	165
心态，是值得依靠的伙伴	169
不念过去，不畏将来	173
不浮夸，让理想触手可及	176
你认为的，一定要是成熟的三观	180
告别松散，向上的过程总是紧绷的	184

不彷徨，总有适合自己的路　　　　　　187
不计较对错，但判断力一定要有　　　　190
努力不妥协，忠于自己的内心　　　　　194
只要努力，你就是独一无二的　　　　　197

Part 6
努力的每个早晨，都很新鲜

永远年轻，永远热泪盈眶　　　　　　　202
优秀，就是用心做好每件事　　　　　　205
没有梦想，灵魂会失去重量　　　　　　208
不计较得失的脚步，永远是轻快的　　　212
在每个黑夜到来之时，学会微笑　　　　215
在艰难的日子里，也要乐观　　　　　　218
心态不妥协，终会有不一样的精彩　　　221
不沮丧，时刻保持对世界的热情　　　　224
拼尽全力，才能看起来毫不费力　　　　227

Part 1

努力到无能无力，拼搏到感动自己

　　人生，从来不缺少因困境而止步不前，因挫折而踉跄却步，因误解而举步维艰。于是，我们选择迷茫，我们选择退却，我们选择无动于衷。这些看起来"不错"的选择，只是选择了短暂的快乐，甚至连快乐都没有。而面对一切不利因素的方法就是努力，并无其他，努力与拼搏将会让人生"少点烦恼"！

不逼自己一把，看不清自己

没人喜欢绝境，但绝境带来的，可能是不一样的自己。

在有选择的时候，我们都会选择不去痛苦，在更大的痛苦逼着的时候，我们仿佛忽视了努力的痛苦。

人是有无限潜力的，在内心深处藏着自己都不知道的潜能。只是很多人的潜力要在最后一刻——刀架在了脖子上，才知道。

就拿我自己来说，有一次写稿子，文章难度系数大，要查的资料偏多，涉及的方面也很广。一开始我以为自己写不好，各种犯愁。接下去就是一系列开小差，像无头苍蝇一样乱撞，不知道从哪儿下手。但是我内心很清楚，不管再怎么艰难，稿子都必须写出来，第二天一早就得交。

我内心消沉麻醉了十分钟，开始振作，硬着头皮来。万事开头难，但只要走通了第一步，接下来的每一步都会向成功靠拢。

我脖子上的那把刀，就是明天早上必须交稿，如果交不了，刀就会掉下来，后果自然不会很好看。所以我时刻催促自己一刻都不能偷懒，把脑细胞的营养全部掏出来，滋润到我的文字上去。最后我在规定时间内交了稿。

如果没有时间限制，想必我会无限放纵自己，并给自己找上一堆的理由，例如"太难了，我不会，我做不到"之类的话，都会成为极好的借口。

那篇文章交稿后，结果要比想象的好，还得到了肯定。因为我确实尽心尽力了，有这个效果也有缘由。

时间成了我通往天堂的有力武器，也能成为我堕落黑暗深渊的"生化毒器"。

潜力在最后一刻爆发出来，是幸运的又是不幸的。幸运的是总算是完成了，证明自己可以。不幸的是，那些能在任何场合得以发挥的潜能，总是要到最后一秒才能发挥出来。

人都是这样，只有把自己放在火炉上烤，或者火烧到了眉毛，才会去想对策。

曾经看过一个小故事。

大意就是把一只乌龟放到跑步机上跑，它也能加速快跑起来。大家都知道乌龟是爬行得很慢的动物，把它放在跑步机上，可见它是花了多大的力气去奔跑。但不管如何，它是有潜力跑那么快的，并不是不能跑，或者跑不快。

乌龟都能如此，更何况厉害的人类呢！只是有时候我们很喜欢自我怀疑，自我不信任，所以才会造成很多错觉，以为自己不能、不可以。

我以前认识的一个朋友也是如此，他一份工作干了五年，觉得没前途，想走，但就是一直没有行动。

他老说，自己出去也不知道能干什么，也没有特别的才能，怕到时连自己都养不活，但又不甘心蹉跎岁月。

其实他就是典型的不自信,在安逸区里待太久了,舍不得出来。没到一定的份儿上,他也不会把自己逼上绝路。如果拿把刀架在他脖子上,想必他比兔子跑得还快。

在安逸区里待久了,难免不想动,再好的潜力也会渐渐退化,直到最后两条腿"瘫"在那个老位置,再也不想动。

潜能往往都是自己逼出来的,要想潜能得到更好的发挥,就必须狠心地逼迫自己,人才会有成长,有进步。

看美剧的人都知道,一些动作电影里经常有这样的桥段:本来是一个普普通通的人,把他放到险境里面去,如果他不躲避、不反抗,就只有死路一条。所以你能看到的是,原本手无缚鸡之力的人,也变得强大起来,也能像个战士一样去展开搏斗。

他在不断战斗的过程中变得更有力、更强大,把自己也训练得像一只勇猛的狮子一样,向敌人咬过去。

最后他不但没受伤,还能安然无恙地存活下来,这就是潜能的魅力。潜能就是如果你不去唤醒它,它就会一直沉睡,不会醒来。

都知道人最大的天敌就是懒惰,只有克服它、战胜它,才能把潜能唤醒,你才会在自己成长的路上畅通无阻。

如果没有豁出去的勇气,就别渴望更大的收获。

当你把自己团成一团,用力抛出去的时候,会有"失重"感,会不踏实,但这一切过后,你会站在一个新的地方。

对得起自己的，唯有坚持

可以随和，但要懂得坚持。

我曾经尝试过一个月不去理会自己的想法，所有的动作行为，都按照别人的说法来实现，随后我明白一个道理——坚持自己才是人生。

我认识一个朋友，叫里脊。他说叫里脊，是因为自己爱吃里脊肉，大家给他取的外号。说他个性张扬也好，说他放荡不羁也好，这都没关系，因为他不在乎。总之他就是活得挺潇洒那么一人，说白一点，就是不太在乎世俗的眼光。

里脊读到大二就退学了，他不喜欢自己的专业，家人、老师、同学一齐劝他都没用，他还是走得坚决。

看到这里请注意，他退学不是因为整日玩游戏，游戏把他"玩"坏了。而是对于父母帮他选的那个专业，他尽力了，他说实在是不想继续了，于是就离开校园了。

退学的那一阵，风言风语铺天盖地，全都是一些讽刺人的话。说里脊没出息、没用、不孝顺。里脊听听也就过了，从来不会去反驳。

不学习总得去工作吧？家人给他托关系，四处求人，好不容易找到了一份算是"铁饭碗"的工作，让他在家里老实工作，然后结婚生子安稳过一辈子。

但里脊又拒绝了，他说他不希望自己的人生被束缚在一个圈圈里，非要按照程序去生活，毕竟自己的一生不是经营一家公司，没有那么多规章制度需要去遵守。所以他再一次令父母失望，背起行囊就跑了。

其实他也没跑多远，在邻近的城市找了份工作，在一家民宿图书馆里当起了"义工"，老板管吃管住，但工资很少。

每天帮人整理书籍，打扫卫生，回答客人问题，倒也惬意。

他在那里待了三个月，赚了一点费用，又开始背起行囊往前走了。可以说是漫无目的，想在哪站下车就在哪站下车。

其实也可以说是边旅行边打工，在那一年的时间里，他跑遍了国内很多地方。没钱了就打工，或者做义工，换个饭吃，换个床睡。

父母给他来电话，说让他尽早归家，这么漂，魂都漂野了。再这么下去，只会越来越野。他回答父母，说他一切安好，勿念，他想回去了自然会回去，会照顾好自己的。父母也无可奈何。

为了谋生，他学会了很多技能。他学会了修电脑、组装手机，还会修车。也是因为这些，他在行走的路上，认识了很多有趣的朋友。

那些朋友里，有学油画的、有搞摄影的、有玩音乐的、有教英语的、有做设计的……你能想象到的，几乎都有。

他就那样漂荡了一年，我们问他，有没有什么好的收获。他说大收获没有,小收获倒是有,那就是让自己开心了。

第二年,里脊没漂了,去踏实找了份工作——电脑城帮人卖电脑。因为人实诚,同时也很机灵,再加上之前还有维修电脑的经验,他的生意特别好,每个月的月薪能顶别人的好几倍。

他脑瓜子机灵,摸清好门道之后,找人借了点钱,自己开了独立的门店。他雇了人,等一切稳定了之后,他又干了以前一样的事,做起了路上的背包侠。

他去了非洲、西藏、芽庄、菲律宾……他的相机里装满了旅行的照片,每一张照片的后面,他都能讲出一段感人的故事。

后来他干脆成了旅行博主,把自己去过的地方,那些所见所闻都写进了文章里,因为实用又有趣,很多人转载,于是他成了一名卖电脑的旅行博主。赚的钱一大部分给父母,自己留一小部分运营和旅行。

这时候,几乎没有人说他是"败家子"了,相反,很多人说他过得很洒脱,对他的生活很羡慕。但这个时候的里脊依然不说一句话。

前一阵见到他,是在今年初。他身上的细皮嫩肉,变成了"腊肉"颜色,更黑但也更壮了。跟他聊天,永远都不会尴尬,不用刻意找话题,因为他自带话题,总是有很多的新鲜事物跟你说。跟他聊天,就像亲自去感受了一回大自然,那种感觉真美妙。

离别时,他跟我说,人一定要按照自己的意愿去生活,千万别被某种东西捆死了,那会过得很不快乐。我点头默然。

里脊过得挺好的,一切都是按照自己的方式来,从来不会为了去讨好谁就把自己变成另外一副模样。

他永远做自我，除了工作，找女友也是。父母为他选中的那些条件不错的，都被他一一否认掉了。不是她们不好，而是他想自己去找，自己去碰，哪怕碰伤了也没关系。

我其实还是很佩服他的，毕竟有他那种勇气的人不多。他有句话说得挺对的：不需要刻意活给别人看，因为人生是自己的，别人终究是别人而已，他们顶多给你建议，但做不了你的主。

里脊能活出自己的人生，是因为他不在乎别人的"疯话"，所以他能活得比很多人设想的人生都还好。

漫漫人生路，希望你也是如此，勇敢一点，切莫因为别人的闲言碎语，就改变了自己的活法。人生短短 900 多个月，希望你不是 800 个月活得精彩，而是 900 个月月月精彩。

对你和环境，都需要有清晰的认知

清晰的认知能带来什么？

通俗点来说，就是不让自己尴尬，在合适的地方、合适的时间做合适的事情，让你看起来是那么睿智。

关于自我认知的定义，指的是对自己的洞察和理解，包括自我观察和自我评价。而环境认知是个体适应环境、作用环境的心理基础。

办公室小张的妹妹今年以高分考上重点大学,但在选择完学校之后,她对自己的专业一直非常犹豫。小张在办公室向同事咨询,但同事对他们的家庭情况及妹妹的个人情况也不是很了解,也无法给出合理的建议。为此,小张及妹妹非常困扰。

小张的妹妹会选择怎样的专业,能不能适应这个专业,我也无法预知。但是,很明显,小张的妹妹对自我缺乏一个有效的认知。

按道理,一个高中毕业的孩子至少应该清楚自己的兴趣点在什么地方,对自己的未来也有一定的规划。像小张妹妹这种情况,就基本是属于为了读一个大学而在拼命地读书,在目标不清晰的情况下,对自己潜能的挖掘也打了折扣。

如果小张妹妹对自己有一个很好的自我认知,那么她这迈向未来的这重要一步就是一个很好的起点,至少会有更多时间投入在自己想研究的东西上。

其实,在我们的教育体系,不管是学校教育还是家庭教育中,都过多地在强调成绩,而忘了引导孩子去发现自己的内心,让他们明白自己是谁,想成为谁。许多孩子读到大学了,都不明白为了什么而读书。他们更多的是想通过大学获得一个高的文凭,将来有一份好的工作。但是,这并不符合他内心真正的需求。

如愿进入大学之后,有的孩子发现自己报考的专业和自己想象中的并不相同,即使想努力去学,也难以提高兴趣。若是此时再加之他对于学校的文化、管理模式或周围的同伴很难有认同感的话,那他基本就很难享受这几年的青春时光。

我们村有个小男孩就很好地实现了自我认知和环境认知的结

合。这个小男孩从小就对动物感兴趣，经常在邻居各家停留观察他们养的家畜。他喜欢动物是喜欢到了骨子里：在动物们住的地方经常一待就是半天，家里都是研究动物的各种书籍。他会根据书上的知识给动物准备不同的食材，甚至是买营养品。

要是哪个动物不舒服了，他除了细心照料之外，会记录下它的每一个症状。

要是哪个动物要生孩子了，他可以坐在旁边守一晚上。他还曾自己做过实验，用电孵化小动物。他甚至有一本自己的专门关于动物的日常记录本。

基于对动物的兴趣和了解，小男孩从读高中起就把自己的目标定在动物类的专业。他搜集了全国所有和动物专业相关的学校的资料，对他们学校的网站和贴吧等进行了比对研究。从中选出几所学校之后，他又亲自跑到了学校进行现场的比对，最终在高考志愿中毫不犹豫地填了自己满意的学校。

如今的他在这所学校适应得非常好，将大部分的时间都用来丰富专业知识和做各种实验，并且确立了自己读研的科目和学校。

一个是为了选择而选择，一个是选择自己心中所爱，其效果一定是大相径庭的。可见，自我认知是我们向更远发展的一个重要前提。

但要每个人都具备这个自我认知也并非易事，真正了解自己的人并不多。更何况，自我认知常常是有限的。"不识庐山真面目，只缘身在此山中"，我们常常因身陷局中而看到的是自我认知的一角。

我曾经参加过一个创业联盟的培训，我记得讲师在课上分享了一个自我认知和环境认知的方法，称之为 SWOT 分析。不同的字母分别代表着主要优势、劣势、机会、威胁。在面对一个事情的选择的时候，可以按照这几个方面罗列出各种因素，然后将列出的因素用系统分析的思想加以分析，就可以得出一个相应的结论。

在之后具体的场景中，我曾尝试着运用过这个方法。它确实能有条理地让我认清环境中的优劣势以及自身的优劣势是否与环境匹配，尤其是运用娴熟之后就更能迅速地做出判断。

当然，自我认知和环境认知的能力远远不止这一种方法，还有诸如专业的训练以及专业化的测试等。

但我们至少要有一个清晰的认识：自我认知是我们诸多重要决定的参考依据，能帮助我们了解自我，在恰当的时机做好最适合自己的选择。而环境认知则能让我们与环境更好地融合，在环境中成为更好的自己。

做不尴尬的自己，才是与世界和谐相处。

不依赖他人，只有自己靠得住

朋友的卧室在女朋友出差的日子里，遭遇了"浩劫"，有幸见识过一次，真是无立锥之地，我笑着问为什么不收拾。

"我女朋友明天就回来了。"

我想到一句话：并非是你的人生轻松，而是有人替你负重前行。为了自己的轻松，我们学会了依赖。

人生活在这个世界上，从来都不是独立的个体，因为我们都同在社会网中，但人又从来都是一个独立的个体，因为我们都仅属于我们自己。

生活在社会网中，我们便会和其他人产生关系。

父母给了我们生命并一路教会我们成长，我们依赖父母，让父母替我们做决定，让父母照顾我们的衣食住行。有父母在我们的背后，我们从不回头地往前冲，我们以为那样我们就是幸福的孩子。

除了父母之外，爱人是我们生命中最重要的一部分。有了恋人之后，我们习惯了吃饭有人陪，逛街有人陪，看电影有人陪，游玩有人陪，我们像影子追着光，不离不弃。我们都信誓旦旦地认为那就是可以陪着自己走一辈子的人。所以，那个人在身边的时候，我们就是拥有了全世界。

有时候，我们也会依赖同事或朋友。委屈了，会找朋友哭诉；遇到困难了，会寻求朋友的帮助；孤单了，会和朋友一起欢聚。有朋友的地方，我们可以不用一个人面对那么多的人和事，他们会给我们最好的建议。

所以，我们生活在幸福的包围圈里，渐渐地收起了自己的铠甲。

然而，所谓的父母子女一场，终究躲不过分离。父母不可能陪伴我们一辈子，就算能陪我们到老，他们也有自己的生活。

这世界上也没有永久保鲜的爱情和婚姻，谁也不能保证爱人会陪伴你一生。

而朋友呢？终有一天，他们会有属于自己生命中更重要的人。真正陪着自己的，是自己。

前段时间，曾有一个令人诧异的新闻。90后小夫妻结婚不久之后便闹着离婚。离婚理由让人大跌眼镜：女主人不会煮饭，甚至连洗衣机都不会用；男主人也不会煮饭，连灯泡都不会换。家里出现了问题，都是靠父母来解决。更令人不可思议的是，小两口基本把自己的家当作宾馆，也就回来睡个觉。两个人在一起深感生活难以继续下去，这可能是我们见过的最无奈的离婚理由。

我相信这对90后小夫妻都是在蜜罐子里长大的，父母给了他们最好的爱。可是，当现实问题来到他们面前的时候，他们却无法靠自己的力量去解决。他们成了现实中的"巨婴"。但自己的幸福最终只能自己去挽救。

在我很小的时候，父母为了让我记住依靠自己的道理，给我讲了一个故事，我一直印象深刻——

故事讲的是下大雨了，一个人在屋檐下躲雨，正巧碰到了观音菩萨撑着伞朝他走过来。观音菩萨可是能普度众生的，那人想这可是千载难逢的好机会。于是，他立马请求观音菩萨带他一程。没想到，观音菩萨给予的答复是：

"我在雨里，你在檐下，而檐下无雨，你不需要我度。"

那人一听这话，也算是机敏，立刻就从屋檐下跳到了雨里，想着这下菩萨应该会答应度他一程了吧。结果却依然让他失望：

"你在雨中，我也在雨中，我不被淋，因为有伞；你被雨淋，因为无伞。所以不是我度自己，而是伞度我。你要想度，不必找我，请自找伞去！"

正当那人还想讲点什么的时候，观音菩萨已撑伞而去，留下他在原地。

故事讲到这儿的时候，我并不明白它要表达的究竟是什么，但是当我听到结尾，也就一直难忘这个故事了。

第二天，这个人又遭遇了一个难事。于是，他跑去寺庙祈求观音菩萨能给予他一些指点。让他怎么也没料到的是，他竟然在庙中遇到了头一天在雨中撑伞的观音菩萨，而观音菩萨正在虔诚地拜着神台上的自己，这个拜着的菩萨和寺庙上供奉的菩萨一模一样。正当他诧异不已时，观音笑了，说："台上和台下的都是我。"

这就更令那人费解了，他问："那你为何要拜自己？"

而观音的答复让我一生受益："我也遇到了难事，但我知道，求人不如求己。"

从那时候，我就明白：我这辈子需要学会依赖自己，任何人都只是我生命中的助力，而自己才是一切的根本。

有了这样一个观念，从小我就学会了应对生活中的种种。

在爱情里，我有依赖的一面，但那是作为女孩子的示弱。在骨子里，我保留的是我自己的思想，我有自己的行事风格。在工作岗位上，我能在自己能力范围之内解决的问题，就不会等待他人的援手。

所以，在我的岗位被人替代的时候，我并没有歇斯底里地去寻求一个说法或者找一个又一个朋友哭诉我的经历。我静下心来思考自己被替代的原因，而后冷静地观察替代我的人之所以能成功的优势在何处。那段日子，其实我的心里并不舒坦。但是除了自己，没有人能替我重新站起来。

当我把一切整理好之后，我在一个新的平台有了新的开始，然后我潇洒地转身。

人越长大，越会发现能听你说心事的人越来越少，能为你挺身而出的人几乎寥寥无几，也不会有人像小时候那样细心而温柔地安慰你。你除了把哭声调成静音模式，你的快乐也得由你自己创造才会拥有。

但可能是从小就有了靠自己、求自己的准备，这些变化我也能选择接受。

这就是人生，有些路，你只能一个人走；有些选择，你只能自己做；有些难过，你也只能一个人默默承受，这个世界从来没有真正的感同身受。没有谁是能永远依赖的，只有自己，才能陪着自己默默地走下去。

那些在你生命里出现的人，只能陪伴你走一段，让你成为更强大的自己，来应对生活的纷繁复杂。

依赖，也许是努力最大的障碍。如果我们什么都不做，只想去依赖，注定与努力无缘，不承担努力的痛苦，一辈子就会活在别人的影子中，难以自拔。

可以不挑剔，但不可以没主见

当我们选择委屈自己，不去争抢什么。在小事上，是一种随和；在大事上，叫做无主见。我们都喜欢与人随和地相处，同时，又喜欢跟随有主见的人，这是一种到处都是的人生态度。

前几天，和几个老同学聚会。在餐桌上，他们让我来点菜，我随口就是一句："你们点就是了，我随便。"然后，A就笑了："你这么多年还是没变，吃饭都让别人做主。"尽管是一个调侃，但这句话一瞬间就像戳中我的软肋，让我心里突然有一阵刺痛。曾经我的叔叔也这么说过我，当然叔叔是用比较严肃的语气：带你吃饭你随便，陪你买衣服你随便，问你到哪儿玩你也是随便，人生可不能这么随便。

我很清楚人生不能这么随便，可就是不由自主地从嘴里冒出这个口头禅。这不是一两天就养成的习惯，而是我从小到大的成长环境造成的。从小到大，爸妈都把我捧在手心里，我所有的东西都是他们为我做主，衣服他们为我买，学校他们为我选，聚会他们为我安排，我只要乖乖去做就可以。久而久之，我竟然就没有了自己的主见，喜欢听从别人的声音。

等到工作之后，我非常讨厌自己的这一点。因为当领导让我表达对某件事的看法时，我经常说不出个所以然来；当我需要在公共场合立即做决定时，我就希望能有个声音告诉我该怎么选择。看着身边的人侃侃而谈，看着他们很有计划地规划着自己下一步该做什么、该怎么做，我都感觉异常苦恼，因为我甚至连自己要什么都不清楚，我就是按部就班地过着每天的日子。

当我意识到这个问题时，我试图去改变，但改变起来真的很难。因为做每个决定之前我都会想听听他人的声音，做了决定之后又不确定自己是否做了正确的选择。但我从心底确定的是，我必须从此刻行动起来，才可能赢得未来的人生。

有了自己的想法，有了自己的话语权，才会有自己要走的路。也是有了这样的决心，我开始留意生活中的点滴。我发现，其实在日常生活中，我们很多人都缺乏自己的主见。

公司新来了一个领导，是空降的。某位同事不知道从哪里打听到他以往的单位，便在公司到处议论他在以前单位的种种不是，还私下里谈论他的工作能力不行。办公室就是个舆论场，这种言论很快就在公司传开了。

大家都戴着有色眼镜来审视这位领导，对他安排的任务常常抱着质疑的心态去完成。唯独小晴依然踏踏实实地完成他布置的每一项任务，也愿意跟着新领导跑来跑去。不少同事对小晴翻白眼，认为她这样会得罪老领导，还说凭借这个人的能力，绝对在这儿干不长久，让小晴别犯傻。

但小晴认为，既然公司能让他坐在这个位置，那他一定有他的过人之处，只是没有恰当的时机让他发挥出来罢了。而且，小晴认为工作并非是讨好某一个领导，而是把自己的那份责任心体现出来。

不久之后，新领导果然被调离了，不过是调到了另一个更高的平台。原来，他被派到这个公司就是一个跳板。新领导在这个公司带走的唯一一个员工就是小晴。

很多时候，别人没有说话并不代表他看不清楚全局。很多时候，随着大众的想法并不意味着就是正确的选择。小晴没有随大流的原则为她争取到了另一个工作机会，也是一个新的开始。我们需要的就是这样一份坚持自己观点的勇气。

即使这个领导最终被证明是一个没有能力的人，现在的我也依然会佩服小晴。

在这个盲从的社会，别说像我这样原本就没什么主见的人，就是有一定自己想法的人都会遭遇到某种困境：周围的人都这么想、这么做，我要是不照着这么做，那怎么过得去？因为他人的力量过于强大，我们的内心过于脆弱。而小晴却可以选择抵抗住外界的声音做好自己，就算这一次没有好的平台，将来机会也一定会垂青于她，因为她在这一众人中是最特别的那一个。

诸如此类的事还发生不少，也让我越来越意识到改变自我的重要性。

有了主见，我才会有独立思考的能力，清楚自己的事情该怎么完成；

有了主见，我才会学会拒绝，用更多的时间做自己想做的事情；

有了主见，我才能在喧闹的生活中静下心来反省自己，为未来积累经验。

有主见的人，往往是大家愿意跟随的人，因为他们清楚方向在何方。

时光不能重来，但能从现在从头开始。就这样为了这个目标出发，喜欢的东西就去争取；不喜欢的就学会拒绝，勇敢地表达出自己的意愿，为自己做每一个决定。尽管有时候这个决定需要自己买单，但买了单之后你又有了新的成长，总好过永远活在保护套中。

选择自己的路，成为你自己想成为的人，别让他人或大流扼杀了真实的你。

机会到不到来,你都需要努力

成功的时候,感谢自己的努力;不成功的时候,埋怨上天不给机会。

这是一道难题,我们不否认运气,但更肯定努力。因为运气是一种偶然,努力是可控的,我们时间有限,我们不能坐以待毙。

常言道,"万事俱备,只欠东风",可若东风不来,这之前的一切是否就会前功尽弃呢?可见,有时候,一个机会往往胜过漫长的准备。

姜太公年轻时一直默默无闻,直到70岁得到周文王的赏识才有了用武之地。从此,辅佐文王,兴邦立国。他等待一个施展自己才华的机会近乎用了一辈子。

晋献公之子重耳曾因奸人迫害而流亡国外,这一逃亡就是19年,当他重回晋国继承王位时,已经62岁。

汉朝的苏武出使匈奴被扣留,因不肯投降而惨遭流放。苏武出使时刚40岁,在匈奴受难19年,终于等来了重回汉朝的机会。

如果等不来周文王,姜太公将带着满腹的才华默默离世;如果没有贵人相助,重耳终其一生也只能流浪;如果不是汉朝的再次出使,苏武将在贝加尔湖畔与羊群相依到老。而因为有了"等来"

的缘分，这个机会就成了一种命运的转变。然而，等待这样一个机会是要花费漫长的时间的。

机会的重要性不言而喻，而等待机会有时就好比是守株待兔，运气不好的话，其结果只能是无疾而终。与其等待一个好运，不如创造好运。

真正聪明的人是懂得识别机会，并奋起直追的。

自古以来，毛遂自荐的故事可谓是为自己争取机会的典范。平原君挑选门客到楚国签订合纵盟约，经挑选之后，20个文武双全的门客还差一人。毛遂自赞自荐，并以囊锥为喻，说如让自己处于囊中，早已脱颖而出。在平原君与楚王谈判时，毛遂威言并加，才华毕露，谈判得以成功。这是识别机会和抓住机会的典型。

虽说是金子总会发光，但也得让金子显现出来。如今这个时代，每个人总有着自己的一技之长，你若不能主动推荐自己，机会就会从身边瞬间溜走。我们多少也得有点毛遂自荐的精神。

我的高中同学小芳姐就曾抓住了一个至今仍令她自豪的机会。她是一名小学英语老师，在她入职第四年的时候，区里组织了一个英语课堂教学竞赛，要求每个学校派出一个代表参赛。当时，学校的英语老师都挺年轻的，大家都想试又不敢试。想试是因为毕竟是一次难得的锻炼机会，而不敢试是担心实力不够，杀不出重围。正当大家都在犹豫推托的时候，小芳姐跑到主任处给自己报了名。

为了能让小芳姐取得较好的比赛成绩，学校调用了所有能用的资深人脉为她磨课。一次又一次地试，一次又一次地练，小芳姐居然从区赛一路到了市赛，而后又从省赛到了全国赛，创造了区英语赛课史上最好的成绩。

未来，也许她还能取得更多教学成绩，但这可能是小芳姐教学生涯中最辉煌的一刻。原本这个机会也可能会属于其他人，但抓住机会的勇气就在一瞬间。

我能想象小芳姐的那些犹豫不决的同事此刻内心的挣扎，毕竟他们也有可能成为那个创造纪录的人，可就是这样一个错过，他们只能再等待几年。而几年的时间，不断会有新老师的到来，就算他们想要这个机会，机会也不一定会垂青于他们。

有些机会一旦错过，就成了一种遗憾。

但我清楚，小芳姐能有勇气抓住这次机会也源于她内心的底气。在走上教学岗位之前，她就把自己的基本功练得非常扎实。在进入教学岗位之后，她一直钻研自己的专业，并不断给自己争取实践的机会。对她而言，她一直在做着迎接机会的准备，那些看似不经意的举动的背后是她长时间的积累。

如今娱乐圈的新人辈出，每个人都铆足了劲寻找一个出头的机会。在竞争如此之大的环境下，能有一个被挖掘的机会实属不易。所以，一旦有了机会，年轻人往往就会争个头破血流来谋个出名趁早，可也常常在一个机会过后就没有音讯了。这样的机会往往只是伪机会，走不长久。

但也有一些演员选择静下心来提升自己，等实力积累到一定的程度，再来寻求施展的机会，而那时往往更站得住脚跟，发展得也更长久。

要想真正把机会握在手里，你需要有迎接它的实力。毕竟，"机会只留给有准备的人"是不变的道理，你需要懂得何时出手才能不辜负那些默默积累的时光。

识别机会需要一双慧眼，抓住机会需要慧心，这两者都离不开实力的储备。我们既不能一味地等待，也不能一味地只寻求机会。如果你希望能在机会来临之时，有底气地接受挑战，无疑要有自己的资本。

机会来了？难道不需要努力吗？我们一直努力着，机会只是小礼物，这才是最好的心态。

你拼尽全力的样子，令人心动！

知乎上有一句令人深省的话：人生最可怕的是，一生碌碌无为，还安慰自己平凡可贵。

有了平凡可贵，我们就能安于现状，怎样轻松就做怎样的选择，用混日子的心态走完这辈子的路程，而忘了去领略那不顾一切创造人生的传奇人生。

"有志者，事竟成，破釜沉舟，百二秦关终属楚；苦心人，天不负，卧薪尝胆，三千越甲可吞吴"，这是古人拼尽全力努力的样子。

科比是 NBA 最好的得分手之一。谈及他成功的原因时，他的那句"你知道洛杉矶凌晨4点钟是什么样子吗？我见过每天凌晨4点洛杉矶的样子"成了最经典的对于努力的定义，也激励着无数有着篮球梦的球迷。

在《最强大脑》走红的赌王儿子何猷君不仅拿到了世界上最大金融公司的offer，还创办了一个慈善机构，更考取了麻省理工学院的金融硕士，成为该专业最年轻的学生。这样超越出身的努力，刷新了大众对富家子弟的看法。

走更远的路，你才能比他人看到更多的风景；读更多的书，你才能体会更多人的人生；和不同的人打交道，你才能更能读懂这人间冷暖。

我们用什么样的姿态给了自己的人生一个"努力"的定义呢？

想要考试有一个好的成绩，却静不下心读书；想练就一口流利的英语口语，却不敢在人前开口；想有一个好的身材，却从没有踏进过健身房。我们在想与做之间做着努力的样子。

一些年轻人认为，这个社会上有很多事情是不公平的。有时候明明自己付出的比别人多，但可能因为对方有一个不错的背景就能轻而易举地就拿走自己为此苦苦追求过的东西；有时候自己没日没夜地拼命工作才能有属于自己的一个安身之所，但有些人一出生就含着金钥匙；可以说，有些人一出生的起点可能就是自己这一辈子奋斗的终点。既然这样，我们何苦还要奋斗呢？

但人生从来就没有绝对公平的事，失之东隅可收之桑榆，收之桑榆亦会失之东隅。不论是富家子弟还是平民子弟，每个人都有一个属于自己的世界，我们能做的是在自己的世界里用自己的努力改变人生的轨迹。

2016年,何江这个名字出现在大众的视野。在哈佛大学的毕业典礼上,作为中国本土学生代表,他登上毕业典礼演讲台讲述中国故事。这是哈佛大学给予毕业生的最高荣誉,他也成为第一位享此殊荣的中国学生。当天与他同台演讲的,还有著名导演斯皮尔伯格。

何江是怎样的人,能拥有这样的殊荣?

他出生在湖南宁乡停中村一个农民家中,父亲是一名捕鱼工。他在艰苦的环境中成长,从小就和父母一起插秧、犁田。但这种劳苦的生活并没有压垮他,他一路从宁乡一中到中国科学技术大学到哈佛大学硕博连读,不断前进,跑赢了人生。

他没有与生俱来的超常智力,也没有富裕的出身和有钱有资源的家庭,更没有生长在有创新力的教育环境中,但他并没有被出身和家庭条件所限制,而是用头脑和双手创造自己的生活,这需要比有优越条件的人付出更多的努力。

但何江并没有抱怨,在采访中他曾提道:"农村的生活虽然艰苦,但让我对外面的世界充满好奇与向往,对于身边的环境,也抱有一颗好奇心。"一万年太长,只争朝夕,他凭借的是把每一件事情做到极致,凭借的是在时间的日积月累中为自己打开走向世界的一扇门。

这样的人生逆袭简直比中了500万更激励人心。中了500万是偶然事件,而何江一步一个脚印拼出自己的人生却是必然。

这样的人才就是我们身边真正的寒门学子。有时候,我们真无须囿于世界给我们的定义,而应问问自己,你真的努力了吗?你真的尽力了吗?你所谓的尽力和真正意义上的尽力相差多远的距离?

《挪威的森林》中有句话:每个人都有属于自己的一片森林,也许我们从来不曾去过,但它一直在那里,总会在那里。迷失的人迷失了,相逢的人会再相逢。

在漫漫长路中,我们难免有彷徨、有迷失,甚至不知所措。但只要我们一直迎着光的方向,尽自己的全力奔跑,总能在森林的出口遇见我们想遇见的一切,活出真正的自我。

你拼尽全力的样子,看上去真的令人心动!

也许环境不好,但你要学会忽视

苦自心上来。

有时候,苦难并非客观,而是内心的渲染。

小丫今年28岁,是一名中学老师。她属于长得可爱甜美型的,虽然不是大美女,但看着非常舒服,尤其是笑起来的时候特别有感染力。

大学的时候,她是班上的学霸,多次获得国家级奖学金。可她不是那种死读书的类型,在学校负责过多个社团,组织过一些有影响力的活动。因此,无论从外形、学识,还是社交方面,她都有一定的优势。

工作之后,她的状态一直非常好,不仅教学能力强,而且凭借着她的爱心和耐心,深受家长们和同学们的喜欢。因为她心思很单纯,领导们也喜欢把事情和她分享,对她是一种赏识的眼光。

按道理,像这样的女孩子应该是招人喜欢的,可就是没有看她谈过一场恋爱。更奇怪的是,这些年,甚至没有听到她和任何男生有绯闻。

大学时,也没人过多关注这个问题。但工作之后就不一样了,随着年龄越来越大,这几年不断有人给她介绍对象,但要么是她不愿意去见,要么就是见了之后就再也没有下文。

渐渐地,学校里流言四起,开始有人偷偷地在背后议论和猜测她的想法。真正关心她的人就会当面给她上教育课,各种描述大龄未婚的恐慌。每到学校同事聚餐的时候,她就会成为餐桌上的焦点,各种问题围绕着她。每每这个时候,小丫都有种喘不过气来的感觉,但又无可奈何。

在家里,她面对的状况也好不了多少。家里隔段时间就是电话轰炸,一会儿是这个姑妈给她介绍对象,一会儿是那个姨妈给她介绍对象。爸爸妈妈不断向她描述着街坊四邻各种对她的猜测。

就算是朋友聚餐的时候,朋友们也还是忍不住地询问起她的这种状态,尤其是朋友们都成双成对出现的时候,仿佛都在用一种怜惜的目光看着她。

你的身边是不是也有着这种大龄剩女?她们明明长得不赖,也有自己的一技之长,能靠着自己的本事吃饭,但就是因为她们单身，遭遇了各种来自社会、家庭、朋友的压力。

"都这么大年龄了，还挑什么挑？眼光别太高了。"

"你想找一个一百分的男朋友，你得先看看你自己有没有一百分啊！"

"你也要替你爸妈想一想，他们都这么大年纪了，就指望着你成个家。"

"你是不是对男生不感兴趣，还是以前受过情伤啊？"

……

诸如此类的话，相信不少大龄剩女都承受过。你以为这些女孩心里真没压力吗？一是外界的声音，二是自己确实需要勇气面对做出单身的选择。可是对小丫而言，结婚从来就不是一个任务式的人生选择，而是自己幸福的终点站。

所以，在没有遇见对的人之前，她能做的就是不断地让自己优秀。她接受这个世界所有的声音，但并不会因此而去选择将就。她依然每天用她那有感染力的笑和这个世界相处；依然每天用心地与孩子们、家长们相处；依然去享受旅行带来的自由，去感受美食带来的味蕾享受……她想告诉所有人，一个人的生活未必就没有两个人的精彩，但是她更想告诉自己：其实她一个人真的过得很幸福。

她可以和人群狂欢，也可以一个人在深夜静静地捧着一本书阅读。她享受当下，并依然向往着未来。

同样在催婚大潮中，也会有人扛不住压力而匆匆为自己的人生找一个停靠站。等停下来，才发现这个站点并不是她心中想要的，于是，她后悔为什么不给自己多一些时间考虑和选择，为什么在他人的压力下把自己的人生匆匆地押在了另一个人身上。然而，人生关键的步子有时候就只有那么几步，一旦踏错就难以回头。这时候，我们才会恍然大悟，在压力面前，听从的应该是内心深处的声音。

大龄剩女的压力只是这个社会的一个缩影。在这个快节奏的社会中，几乎每个人都是边生活着边承受着生活的不易，有些人的内心早已是疲惫不堪。

几千万的大单压在你的身上，一个决定就能改变结局；一场比赛就是一个球定胜负，这个进球由你来完成；上有老，下有小，一家人的幸福等着你来经营；一场考试可能会决定你人生的走向……

谁都会有煎熬的时刻，人生每一个这样的时刻考验的都是你的内心。在压力中焦虑的人，或许会失眠，会暴躁地应对人和事，这只会迎来更手足无措的生活；在压力中依然能有自己节奏的人，生活才会奖励他全新的未来。

禅宗有句名言："风也没动，帆也没动，是心动。"压力，有时候不是外部因素导致的，而是你内在的心态所带来的。

努力，是你真正的人生尊严

见过一张努力的脸，眉宇之间的淡然，深深地感染了我，我知道，这是一个有故事的人。

见过一张得意的脸，虽然风生水起，但外露太多夸张，我不认同这样的人，也缺少与之交谈的欲望。

有人很成功，你却不尊敬他；有人很失败，你却很尊敬。结果固然重要，但更打动人的是，你做出了多少努力。

是的，努力是一种人生尊严。

读大学的时候，我最喜欢追的一部剧是《恰同学少年》。虽然距今已经好几年时间了，但剧中的一幕我仍印象深刻——

读师范的学生蔡和森带着远道来看他的妹妹在食堂吃饭，因为眼见他的同学将完好的馒头扔在餐桌上而无比气愤。要知道，在那个时代，多少劳苦人民还处在水深火热中。于是蔡上前和同学理论节约粮食的重要性，同学羞愧而走。同学走了之后，蔡默默地将桌上的馒头捡起，没想到这一幕被返回来拿东西的同学看到，蔡和森被讽刺是"叫花子"。在食堂人群的注目下，蔡低下了头。就在这时，老师徐特立突然出现了。他拿过蔡手中的馒头，在所有同学的注目下一口一口吃下去。

也许在那一刻，在他人的眼光中，他们的尊严已经被彻底踩在了脚底下。但我们不妨来听听他们的故事：

徐特立老师曾经就被学生称为"徐大叫花"，因为他长年身穿粗布衣服，脚上穿着草鞋。他不像其他公职人员一样坐轿子、下馆子，而是能步行的尽量步行，能和学生一起吃食堂就吃食堂。可能在长沙城的教书先生中，再也找不出第二个日子过得这么寒酸的了。

但就是这个"徐大叫花"，却是湖南省省议会的副议长。论薪资，这个职位就有两百块大洋的月薪，这在当时是无比丰厚的了，更别提他还兼任着三所学校的课程，这收入可是长沙城少有人能比的。除此之外，他还是长沙师范学校的校长，完全有支配人力的权力。

一个有身份、有地位、有财力的省议会副议长却宁愿担着他人的嘲笑把自己的生活过得这样寒酸，他的钱究竟去哪里了呢？

如果你们去过徐特立的老家，就明白了一切。在那里，有一所免费招收贫困农家子弟的学校，被称为"五美小学"，不仅是徐特立资助建设的，而且学校里的孩子读书、吃饭都不需要花钱。用一己之力来支撑一个学校的发展，再丰厚的工资也需要勤俭节约才能维持。

蔡和森原本是一家富裕人家的公子，因母亲忍受不了封建家庭的陋习，在那个年代冒大不韪提出了离婚。蔡跟着妈妈到处闯荡，什么样的苦日子都过过。但他们一家都没有放弃读书，蔡更是长沙城出名的大才子。

锦衣玉食、名利双收就是有尊严？省吃俭用、甘于清贫就是没有尊严？

在社会上，我们都面临着名利的诱惑，都经历着现实与理想的选择，但人生真正的尊严从来不是表面的荣光，而是那些闪着光的品质。

蔡和森贫而有志气，努力上进，这是为自己人生做主的尊严；徐特立牺牲自我的安逸和荣华，让成千上万的学子拥有更好的未来，这是为人师者的尊严。他们在食堂的同一举动，是生而为一个善良的人对劳苦大众最起码尊严的尊重。

仰不愧于天，俯不怍于地，这是何等的气度。

我们需要的就是成为这样一个在骨子里有尊严的人。

输掉了一场比赛不要紧，你可以凭借你的沉稳和无畏赢得风度；面对质疑和否定也无须自惭形秽，你可以用你的行动和实力盖住所有人的声音；不合群也不应承认自己是异类，你能用你的作品告诉所有人你的选择。

在跌倒了之后，在不被看好的质疑声中成长了才是真正守住了尊严。

我一个朋友曾经为了拉一个商业大单陪客户去应酬，任由客户灌酒，也不拒绝，并且客户提出的任何要求，甚至私下里陪玩也照答应不误。她以为客户开心了，这个单子就能签成。所以，在客户来 C 城出差的几天时间里，朋友把她的时间都腾出来随时为客户服务，但是这个客户似乎并没有把这种有求必应放在心上，最终以一个很冠冕堂皇的理由把单子给了其他人。

这种事情在工作场上屡见不鲜。有时候我们没有原则地一味迁就他人，一味迎合他人，让自己低到尘埃里，这并不是聪明人的做法。只有你自己在心里看得起自己，把自己放在一个重要的位置，他人才不会随意轻视你。而最重要的是，你有了态度，有了实力，他人才能真正与你平等对话。

而最可悲的是我们在社会中变成了自己都不认识的样子。

在网络世界和造星运动迅猛发展的时代，不少人为了成名不惜使用各种手段，以各种方式博取人的眼球，比如抖音或直播上的没有下限的视频作品。

这样的方式确实为他们赢得了关注和流量，可是作为一个社会人，应是有公德心和社会责任感的。那样的作品有没有想过会给未成年人带来什么样的影响，会给社会传播一种怎样的能量呢？一个真正有尊严的人，不会以牺牲人格为前提赢得关注。

时代不同了，但每一个人心中的底线是相似的。为了迎合这个世界而丢掉自己，为了成名得利而不顾社会原则，这才是真正的尊严扫地。而每一个善举、每一个闪光的品质依然是这个社会最愿意尊重的。人生必要的尊严，是守住自我，是守住那些美好而能传承的珍贵的东西。

这是个挑剔的时代，但对努力的态度，始终如一。

如不曾卑微过，何来的闪亮

朋友出国了，通过自己的努力。

三年的时间内，他顶着所有人的目光，默默努力，不争辩，不去解释什么，无视别人眼中的"不务正业"，无视别人眼中的"无所事事"。

他成功了，同样也是默默离开。

有一句话说得很好，在你没成功之前，你所有的自尊都是不值钱的。成长路上更是没有人会因为你的委屈，就对你格外开恩。每个人都一样，在抵达光的彼岸前，都必须经历那漫长黑暗的岁月，也得穿过一段卑微的时光。

曾经看到过一个问题：为了生活，你做过的最卑微的事情是什么？

有一个回答，让人深受触动。

她说，对讨厌的人笑，请不喜欢的人吃饭，敬酒给不值得尊敬的人。明明是个仙女，行为却像娼妓，假笑，说谄媚的话。

有时候又何尝不是出卖自己的内心，说服自己的内心，去做自己不愿意做的事情呢？因为你不强大，就必须小心翼翼地为生活争分夺秒地奋斗。

学弟工商管理专业毕业，但毕业后却没有从事相关专业的工作。因为家里缺钱，他就去找了一份最赚钱的工作，在房产公司卖房子。大家都知道销售行业基本工资低，想要过活，基本靠提成。

因为是新人，他不敢偷任何懒，比谁都勤快。主动给老员工倒水递茶，取快递。也会从生活费里挤一部分钱出来，请大家吃夜宵。他这么做，无非就是想请大家关照一下他这个职场新人，传授一下经验。但很少有人买账，该怎样还是怎样。那会儿表弟就知道，人一切都得靠自己。你再多的笑脸，都换不来一份真心。

睡在宿舍上下铺的床上，他经常半夜也会想方案。为了多学点、多做点，总是起得最早，睡得最晚。

最委屈的是跟了好几个月的客户，说不买就不买了。最后在走之前，还对他说了一段这样的话：我想怎样就怎样，不用跟你们这样的人解释，浪费我的口舌。

"这样的人"，是哪样的人？不也是有血有肉的人吗？学弟委屈得一天没有吃下饭。但他也知道坚强才能造就自己，于是默默吞下那些委屈，继续开始下一单的忙碌。

大热天他骑着一辆小电驴，穿梭在大街小巷里，带着客户看房，有时客户心情不好，会莫名其妙地把他骂一顿。

大冬天他也依旧骑着小电驴，穿梭在大街小巷，风一吹呼啦啦的，削脸，能掉半斤肉。客户不开心，也依旧会指责他。

但他依旧能嬉皮笑脸地应对。不是他变得更坚强了，而是他早已看清了生活的本质。

他说，最能安慰自己的就是一个月到手的工资，他说银行卡的数字是自己最大的安慰，没有比这种安慰更安全的了。

他工作了一年，从小组员工被提拔为了业务经理。他不用倒茶送水了，但还是不能逃避客户的指责和谩骂。

面对那一切，他说这就是工作和生活。只有更加努力，你才有资格去享受那么一丝丝愉悦的生活。

最后一次见他，是前两个月，少了一丝青涩，多了一分世故和圆滑。不用问他，即便问，他的解释也是"都是生活嘛"。

再卑微的生活，只要用心经营，想必也能换来喜悦的芬芳。我经常会想到学弟以前受的那些苦和咽下的那些委屈泪水。

往后他不用再卑微地小心翼翼了，因为他好歹是个小经理了。

谁没有在生活和工作中受过一些委屈呢？如果没有，除非你是与世隔绝的。

卑微不可怕，可怕的是不曾尝试努力。很多人都一样，没成功前都在卑微地过活。

小 A 工作两年了，做前台。

她说每个月领着微薄的薪水，还不能有任何怨言。而且还是整个公司的打杂妹，别人叫你去哪儿，你就去哪儿，一个人为全公司服务。

好在她当前台是有目的性的，因为平常时间多，她利用那些空余的时间看看书，周末会参加一些考试。最后她拿到了英语八级证书。

她在朋友圈晒她证书的时候，获赞无数，全是公司的人为她点赞，底下更是各种夸奖的话。

在没考证书前，谁正眼看过她啊，无非就是把她当成一个被使唤的角色，没有任何地位。

你看吧，在你未取得成绩的时候，你就是那么暗淡无光。当你处在暗淡的时候，你也不用害怕，脚踏实地地往前走就好了。

无论是学弟还是小A，都付出了不同程度的汗水，才迎来属于自己的光辉时刻。

你也一样，在没成功之前，把自己历练成一个凿子，对自己日凿夜凿，只要不放弃，最后肯定能为自己凿出一片江山的。

相信命运，不如相信奋斗

如果安于现状，命运是最好的借口。一些朋友总是感叹生不逢时，说家庭没能够给自己提供更好的平台，社会上这样的人更多。

如果命该如此，我们不须努力，在我看来，只是一个有点沧桑的笑话。

最近发现了一个很有趣的现象，不少朋友在朋友圈里晒出几张看手相的照片，然后配文"看得很准哦，免费看，加他不要钱"。

每当看到这里，就会觉得很搞笑，朋友们未免有些老"封建"，安常习故。给别人看手相，别人就能道出你一生，你的人生从此定型，然后你就可以不做任何改变了？

这显然有些小儿科，因为命运从来不会轻易被别人算出来，能算出来的，只有自己，因为你自己掌握着你自己的命运，跟别人没有半毛钱关系。

我认识的一个远方亲戚，亲戚家有个孩子，从小脑子就有点问题，反应总是比别人慢半拍，而且呆呆的。

所有人都说，这孩子这一生也就这样了，改不了了，别多费心思了。这些话，对于一个孩子来说，无疑是残酷的，相当于给孩子宣判："你是个'废物'，别多做努力了，努力了也是无用功。"

他爸听了外面那些胡言乱语，在当地找了个算命的瞎子，给他儿子"称斤论骨"。那瞎子摸到他儿子的脸蛋，对他爸说，此人无大才，属平庸之辈，甚至还会拖垮你们家。

他爸信了，但他没信，他那会儿 16 岁，刚好高二。

他就读的高中很普通，什么人都能上，他的"傻气"再加上这普通的高中，自然更印证了那番话。

他虽然有点呆，但不傻，他不信命，他要扭转乾坤，给别人看看。所以高二那年，他变了个人，像蛇蜕皮一样，焕然一新。

他努力了，原本想平庸一辈子的他，忽然努力了。

在学校，连他的班主任都吃了一惊，她说那孩子很执着，搞不懂的就来问她，一天可以跑几十遍她的办公室，门槛都快被他踩烂了。

在家里，他父母也吃惊了，没见过他以前那么用功。不过他爸依旧还是会说酸溜溜的话，让他别做无用功，平庸一点也没关系，实在不行，就养着他。

高考完，他也跟很多人一样焦急地等着成绩，在家里走来走去，徘徊不止。他爸看得心烦，大骂："别走了，再走也考不上什么好大学。"

但高考成绩出来的那一刻，他爸就哑然了。他考上了北京交通大学，比班上其他孩子考得都好。他妈抱着他摇来摇去，激动得泪流满面。他爸低着头，一副做错事的样子。他家的亲戚都不说话，沉默不语。

面对这一切，他只跟家人说了一句话，他说："我就是不信所谓的命运，我就只信我自己，老天拿我都没办法。"

上了大学之后，他也依旧拼命，继续保持自己三好学生的美名。班上的同学都说他是大学霸，个个称赞他。但只有他自己知道，他学霸的称号是怎么来的。也许那一刻，没人会相信他还有小时候那段"不堪"的遭遇。

为什么要信命？信命就是因为自己软弱、自己无能，所以才会去相信那些虚无的东西。如果你倔强一点呢？你"偏执"一点呢？命运有时候其实也喜欢倔强不服输的人，面对那些不肯轻易服输的人，它会格外开恩。

关于命运这件事，你信了，你就输了；你不信，你就有反转的机会。有时间信命，不如多用点时间来奋斗。

亲戚家的孩子，就是最典型的例子。如果他不固执一点，也相信自己真的是个傻子，还会拖累父母一生。但他没有，他不相信什么命，他坚信可以主宰自己的人生。

人有时候很容易感叹命运不公，别人轻轻松松就得到了自己想要的一切，自己依旧活得一副屌丝模样。其实啊，你去他们背后看看就知道了，他们只是比你更努力而已。

命运从来都是公平的，你付出多少，就会得到多少。也许现在的付出与收获不成正比，但日后，亏欠你的一定会还给你的。

以前认识的一个室友也是，她从来不信命运那回事，只相信自己。哪怕那一阵她持续倒霉，她也从来都不向命运妥协。只是咬着牙关前进，不抱怨、不妥协、不害怕，默默向前。她说命运的传闻，傻子才信。

她最后那一句，说得很霸气。是的，命运，傻子才信。毕竟，聪明人，都只信自己。

Part 2

世界充满力量,你要学会友好

你不必取悦这个世界,但要学会融入,自己的力量总是渺小的,即使拼尽全力。但不得不承认,现实总是有太多的差异。我们努力获得别人的认可,也让这个世界认可,是避不开的人生大课。你想站在巨人的肩膀上吗?你想事半功倍吗?

善待他人，就是成就自己

不能善待，请别奢望更大的成就。

这是规律，如果我们不能对世界友好，世界也将冷落我们。

我是一个在工作场上拥有较好人缘的人。但凡我外出参加活动，在单位的常规性事务总会有人替我完成；每次单位有大型评奖，我往往都会有人选的机会；而平日里，领导对我也会有一些经常性的关照。

刚来单位的人以为我有多强大的背景，其实我比任何人都更"平民"。但我比任何人都更能真诚地同每一个人相处。

单位来实习生或新人的时候，我的每一单业务都愿意拉着他一起跑，我和客户交流的技巧都会边实战边和他讲解。单位相关的工作，我也会将完整的流程带着他走一遍。有时候，我还会和他分享我收藏的一些好的学习的资料。

有关系走得比较近的同事就会私下提醒我：你把你的东西都教给人家，人家反过来抢你的饭碗，比你更强，你岂不是太吃亏了，长点心吧！

然而这似乎对我并不管用，该教的我依然教。从我的角度看来，我也是从新人成长起来的，我非常感谢那个将我领进门的前辈，虽然他已经不和我同一个单位，但是他成全了现在的我，而我也想成为成就他人的人。更何况，一个人的工作并不是藏着掖着能守住的，反而是在交流中日渐提升的。

可能是出于这样的态度，几乎每一个我带过的新人都和我保持着较近的距离，没有留在本单位的也会经常和我分享他们单位的动态；而在本单位的就成了我最信任的和可以托付工作的搭档。因为他们能感受到我的真心和用心，在很多场合都能听到他们在替我"打广告"，让不少新人羡慕他们能成为我的"徒弟"。

所以，看似是我在帮助他们成长，毫无保留地扶着他们走上了职业道路，但其实他们也带给了我很多的幸福感和成就感，这是一种相互的成全。

在和同事相处的时候，他们需要帮助时我从不含糊，比如陪着加会儿班，或者在重要的场合为他们出谋划策，或者为他们争取一次适合的机会……这些对我而言，不过是时间或者脑力上的稍微付出，而对他们可能就是一种精神上的鼓励，甚至某一瞬间真能助他们走上更好的台阶。

很多人不愿意带新人或者不想看到自己的同事有更好的发展，是因为他们以为那样会阻挡了自己的前程。其实，真正有实力的人是从不抗拒助力他人成长的，不会只是专注于提升自己。

在如今这个世界，谁都不是傻子，你从心底里在为一个人花时间，他是能感觉到的。在你需要帮助的时候，他才会真心地挺身而出。而如果你只是象征性地敷衍，或者老是担心别人超过自己而在背后诋毁，对方也同样不会在你的前进路上替你助一把力。

这或许是我能拥有好人缘的原因之一。而我之所以能一路以来保持着这样的心态，是因为我深深地相信，这种包容给他人带来的幸福也能让自己快乐。

美国海关曾经没收过一批脚踏车，搁置已久之后他们决定进行拍卖。在拍卖会上，无论哪一台脚踏车都会有一个小男孩出来叫价，但他的叫价每一次都是5元。而他人的叫价却能达到30到40元，毫无疑问，小男孩是不可能拿到他想要的脚踏车的。所以尽管他努力争取，还是只能看着脚踏车一辆一辆被他人买走。

并不是这个小男孩不愿意出更高的价格，而是他身上仅有5元钱，并且这是他最珍视的5元钱，他本可以用它来做其他的事情。

可能是因为这个小男孩太有意思了，也可能是他太奇怪了，观众的目光渐渐集中在这个小男孩身上——这个总是最先出价，却拿不到车的小男孩。人们甚至好奇这个小男孩最终能不能买到一辆脚踏车。

终于，拍卖会上仅剩下最后一辆脚踏车，最后的总是最好的。小男孩望着眼前这辆装备精良并且光亮如新的脚踏车，眼睛里闪着光。拍卖员的话音刚落，小男孩便利落地站起来，用响亮的声音向全场宣告：

"5元。"

这个字眼再次响彻整个拍卖会场，这是小男孩为自己争取的最后一次发声的机会，所以声音里透出一种渴求，也有一种势在必得的气势，其实只有小男孩知道这次失望之后他会多么绝望。

当小男孩还在等着"30元""40元"的声音从耳边响起的

时候，奇怪的是整个会场静得出奇，没有人再站起来，只有拍卖员一遍一遍询问的声音。忽然，"啪"的一声，小男孩听到了他已经想象了无数遍的声音："这辆自行车归这位穿短裤、白球鞋的小伙子。"

小男孩笑了，那是一种毫不掩饰的发自内心的笑，他甚至欢呼起来，那是一个小男孩简单的心愿实现之后的满足。那笑容也感染了会场的所有人，他们情不自禁地为小男孩得到心中所爱而响起了最热烈的掌声。

读这个故事的时候，那个小男孩的欢呼声似乎真的跑进了我的心里。以至于以后很长的岁月中，在我面对别人做选择的时候，我都想让对方拥有这样的欢呼声，这种欢呼声是能传递快乐的。渐渐地，这种做选择的标准也成了我生活中的一种习惯。

这个故事也让我在现实生活中领悟到了另一种成长的方式——在这个社会圈里，除了超越别人、打压他人，我们其实还有一条成就他人的路。我也一次次地与自己的占有欲和嫉妒心做斗争，终究我还是能做到拥有一颗成就他人的包容心。

你无须去羡慕别人拥有的好人缘，在你学会成就他人的时候，你也就成全了自己的美好人生。

接纳自己，无论完不完美

如果不能接受不完美的自己，就会有不幸的人生。如果你的人生从来都没有自信，这个世界对你来说就没有未来，更不用说光明。

从小到大，我们接受的教育就是要成为一个多么优秀的自己。完美欲本就无可厚非，因为有了它，才有了更好的我们。然而，一味地追求完美有时反而会让我们的生活蒙上一层阴影。

小付是一个非常努力的女孩子。任何事情交给她，她一定会办得超乎交付之人的意料，因为她会尽百分之百的努力让自己先满意。时间久了，"小付靠得住"似乎就成了大家心中公认的口号。凭着这个称号，越来越多的人来找小付做事情，小付得到的夸赞也越来越多，赢得的信任也一次比一次深。

按理说，小付是一个比较受器重的人，她应该感到开心才是。

然而，小付却过得很累，甚至从心底不接纳现有的状态。

因为习惯了很小的事情都会花费不少的时间，所以，她每天都处在忙碌之中；因为习惯了把每件事情都做到让人称赞，所以，她总要挖空心思把事情做得漂亮。

于是，她牺牲了自己娱乐和休息的时间来成全他人的请求。

当事情办得不那么好的时候,她往往会不断地责怪自己,认为辜负了他人的信任。

这样一天一天地累积,小付忽然发现自己喘不过气了,那些信任像一个沉重的包袱压着她,那些托付一个接一个地让她疲于应付。尽管这样,她仍在死撑着,她不想打破自己百分之百可以被信任的标签。

就在前不久,公司派小付去参加一个比较重要的比赛。可不知怎的,明明准备充分的小付却在这场比赛中失利了。当然,所有的人都没有责备她,反而在委婉地安慰着她。可是,对小付而言,这件事情成了她心中的一个阴影。

比赛之后的几天里,她每晚睡觉都会想起比赛那天的场景。她会不断地怀疑,这一次的失利是不是就意味着她的百分之百信任度在他人的心中降低了,从来没有过失利的她被彻底打击了自信心……这样的想法让她连续几天都像在胸口堵上了一块大石头。

这样的小付怎么会快乐呢?

一个人的精力是有限的,而生活中的琐事却是无尽的。想把每一件事都做到令他人满意,令自己满意,这本身就是一个天大的难题。更何况人无完人,谁能保证自己不犯错呢?这种看似追求完美的背后其实是对自己的一种苛责。

若长期这样下去,小付心中的症结可能会越来越重。

其实,小付已经比与她同跑的人领先了一段路,却抓住自己某个小小的失误而反复地折磨自己,这种心态是对美好生活的一种辜负。

如果按照她这样的心态，那些生来就有残疾的人是否该苛责自己的不完整呢？那些天生就对数字不敏感的人，在碰到学习数学瓶颈的时候，是否需要拼了命地来证明自己是一个数学能手？那些没有学过艺术的人，是否应在欣赏了艺术生的文艺表演后产生自卑心理呢？不完美本就是我们身体或者是我们生活的一部分。

有了不完美，我们才会去追求完美；有了追求，人生才有继续下去的目标。

所以，像小付般苛责的人如果想快乐，首要的就是学会如何与自己相处。

学会接受自己的不完美，在面对处理不及的事时，问问自己的内心，什么才是对自己而言最重要的。不要一味地给自己做加法，而要适当地做减法。

学会接受自己的不完美，在偶尔的失败和失利面前，学会原谅自己。从中吸取到该吸取的教训，然后以最快的速度整理好自己再出发。

学会接受自己的不完美，你根本不需要活在他人的目光中。一千个读者有一千个哈姆雷特，每个人判断事情都有他自己的标准，他人给予你的评价并非就是适合你的。过多地活在他人的评价和目光中，只会让你不停地放大自己的缺陷，变得越来越不自信。

学会接受自己的不完美，容许自己有一个享受的空间。喜欢花，就给自己的屋子添一缕芬芳；喜欢话剧，就到剧场好好体验美的享受；喜欢旅游，就拿起行李去追逐自由的脚步。不用等，也无须等，更别追问自己最应奋斗的年纪凭什么来享受。这些不过是给你繁忙的生活一点平衡，你能允许有一个这样的你。

学会接受自己的不完美，你能更自如地支配你内心的力量。

花虽娇艳，但没有树的苍翠欲滴；太阳虽耀眼，但没有月光的柔和；瀑布虽壮观，但没有小溪的潺潺；雄鹰虽矫健，但没有百灵鸟的灵动。每个人都有自己的独特之处，也有稍显暗淡的一面，让自己的那朵花更鲜艳或那片叶更青翠，就是一种完美。

每个人都是独特的自己，我们可以不自满，但自信总要有的。

忘记那些不愉快的过往

人生最大的痛苦就是拥有记忆，最大的幸福也是拥有记忆。

见过一个朋友因为忘不掉过去痛苦的而颓废，满脸愁云，一个月之后，身体瘦了 30 斤。也见过一位大妈在丈夫过世后的日子里，努力将自己的生活打理得更加有条理、更加精彩。

生活就是一张白纸，我们不停地在纸上绘制属于我们的色彩。但如果我们只是一味地往上涂抹，而不试图擦去一些色彩，那终有一天，这张纸会面目全非。

正如同我们自身，在这漫长的岁月中，如果把所有的往事和心情都加注在身上，渐渐地我们就会疲惫不堪。所以，在人生的旅途上，偶尔我们也要为自己做减法。而其中，最重要的是遗忘或忽略那些无关紧要的事情。

小影和小云是闺蜜，但最近小影和另外一个女孩走得比较近，于是小云就不乐意了。小云会因为小影和另一个女孩的频繁互动而耿耿于怀，然后就找小影表达她不满的情绪。但小影认为她可以有自己新的朋友圈，于是在发和另一个女孩的互动动态时就会把小云屏蔽。没料想，这事被小云发现了，两个人之间新增了一道很大的裂痕，彼此之间就为了这点事情而天天压抑着。

原本，有一个好的闺蜜是人生最幸运的事情之一。小影和小云从大学的时候就认识了，工作之后在同一个单位，这是多么难得的缘分。近10年的友谊却因为这一点小事情而岌岌可危，还把两个人的心情搅得一团糟。

这就是我们生活中的自我折磨，偏偏还是我们日常生活最常见的一种。朋友间无端猜忌，自己在心中已经编了多幕剧；亲人间误解争执，活在自以为的死胡同中；恋人间的琐碎纠葛，彼此不愿意放过和放下……明明就是很简单的事情，却把两个人都拖到情绪的旋涡，让彼此都不舒坦。

还有一些玻璃心的"孩子"，他过的不是自己的日子。今天A的某句话语气重了，他就以为他说错什么或做错什么，然后就在不停地担心A是不是生他的气，是不是以后会针对他；明天他某件事情没有做到位，他就会想完蛋了，大家一定对他非常失望，他在大家的心目中是不是就不是靠谱的人了……他每天的心思都在别人对自己的看法中，在意的是他人眼中是一个怎样的自己。

如果日子都用来纠结这些了,我们还有什么时间来做真正有意义的事?

真正有大格局的人根本不会在这些无谓的情绪上浪费时间和生命。

在这一点上,我比较佩服的是饱受争议的脱口秀主持人金星。"毒舌",这是金星通过选秀节目走入大众视野时的一个标签。她从做节目开始,调侃过范冰冰应该塑造一个有质感的人物,也公开谈论过萨顶顶的假唱……进入她"毒舌"名单的数不胜数。前段时间看过一个关于她的采访,主持人问她这样耿直,担不担心会遭到报复的时候,我彻底被她的回答征服了:

"不担心啊,我既然敢在中国开脱口秀,敢评论演艺圈的事情,敢拿事实来说事的话,我就有这份底气。如果谁是玻璃心的话,他自己需要历练,我知道我在做什么。所以这一点我绝对坦坦荡荡的。整我的人,我习惯了,因为我从小就是出类拔萃的,或者说是另类的,是容易招人嫉妒的。"

她认为她并不需要去更正大众对她的误解,因为只要是争辩就正中了那些造谣之人的下怀。最好的处理方法便是置之不理,时间久了,这些言论就不攻自破了。无论是现在,还是将来的5年、10年,她金姐依然能站在舆论的风口浪尖上,而当时那些骂过她的人早就不知所向,所以何必和他们争一时长短呢?

在采访中,让我最解气的还有金姐的那一句:

"他们在山下吐唾沫星子的时候,我已经在山顶上看另外一个风景。时间说明一切,根本不需要解释。我的人生不需要解释,看就可以了。"

这是一份怎样的霸气啊!

有了这样一份摒弃一切质疑的心,她的节目做出了她的特色,她的人生活出了她的样子。否则,她也只能为疲于应付这些琐事而惶惶不可终日了。我们面对的质疑、我们经历过的事情相比她而言,应该只会更少,但我们却没有她的心态。

常言道:"成大事者,不恤小耻;立大功者,不拘小节。"但我想,这个小节并非是指不在意事情的细节,而是不纠结在那些琐事上,该过去就翻篇,翻篇了才能开始新的生活。

所以,与其抱怨生活,在那些对于未来毫无影响的事情上反反复复纠结,不如把这些时间花在更值得的事情上,比如努力提升自己,比如过一过更美好的生活。"春有百花夏有月,秋有凉风冬有雪",生活如此美好,有什么无关紧要的事能让我们深陷其中呢?更何况,世界那么大,你能遇见的人和事还在未知的路上,尚且偏安一隅的你怎会有时间纠结这些小事呢?

忘记,然后轻装上阵,你的人生才会真正潇洒起来。到那时候,你才会发现那个困在鸡毛蒜皮的小事中的自己有多么不洒脱,错失了多少人生美妙的瞬间。

既然人生这张纸是由我们自己来描绘,我们何不让它满载着幸福与快乐,满载着每一个真正值得被记录的美好的瞬间呢?

生活不能重播,建议把痛苦忘掉,只留下点美好,继续努力!

别人的否定，证明你有成长空间

肯定是什么？

是不断向前的力量，因为知道自己的付出没有白费。

一个朋友入职一家公司，不到一个月就辞职了，理由是，没人肯定他的努力，我笑着说他"玻璃心"。

每个人都希望得到他人的肯定，在肯定中我们拥有自信，在不断地肯定中我们逐步实现了自我价值。可是，这个世界远不止一种声音，有时可能是嘲笑，有时是攻击，有时是不屑……你该以怎样的心态去面对？是否能同样拥有自信继续你的追求与梦想呢？

不久前，来自20个国家的外国青年评选出中国"新四大发明"：高铁、支付宝、共享单车和网购。这四个项目如今风靡整个中国，然而在诞生之初，这些项目都有着不同的故事。

以共享单车为例，胡玮炜在创设摩拜单车之前，在一家汽车公司上班。当她向老板阐述未来出行行业会发生巨变并申请开辟一个关于汽车和科技的小栏目时，老板拒绝了她的想法。一年之后，她离开公司自行创设了一家极客汽车公司。

在最初，他们的团队提出共享单车的概念之后，身边的工业设计师不断地论证这个概念实行的难度：会被偷走、单车的摆放位置、城市的秩序等，在各种问题提出来之后，原本支持她的队友都陆续退出了，只有胡玮炜愿意坚持来做这个，于是她成了这个项目的创始人。

当共享单车正式进入城市之后，自行车被用户随意停放甚至带回家、二维码被毁、车身损坏等问题不断暴露出来。作为新生事物的共享单车，在诞生之初就面临着重重考验。这些是在基础设施和管理制度上存在的问题，两者的完善只是时间问题。在一定的技术升级和管理更新之后，共享单车迎来了一定的发展空间。

它的方便、快捷，让大众在短距离出行时更愿意用它来代步节约时间。随着使用人员的增加，也在一定程度上缓解了交通的拥堵，减少了对空气的污染。从某种程度上来说，比起开车出行，共享单车更利于身体的健康。

随着共享单车在全国各城市的推广，胡玮炜也成了一个创业的代表走进了各大媒体，她的身价也一路上涨。2017年，她被评为全国创新创业好青年。

从零到影响到城市的发展，胡玮炜走过了几年的时间。在这几年间，她的理念被推翻又再次实现；她的同行者一个又一个离开，然后重新拥有新的团队；她的项目实施先是不被看好而后逐渐扩大影响力。每一步，她走得并不容易，因为很多时候是她一个人的坚持。

但就是在这样艰难的创业之初，她凭借着自己的坚定走出了她的人生高峰。就算世界不认可你的想法又怎样？就算听到了全世界反对的声音，仍能披荆斩棘前行的人才是真正的豪杰，也才能获得平凡的人不能获得的成功。

每一个新事物诞生之初，都会面临着这样的质疑。毕竟第一个吃螃蟹的人都是勇敢者，往往也是最可能成功的人。

支付宝的创始人马云是我们非常熟悉的成功者，但支付宝推行之初也有一些阻碍。其中最主要的一个问题是创业之初银行并不提供相应的电商转账服务。而如果没有执照做金融的话，可能有坐牢的风险。

在这样一个他人认为不可能解决的问题面前，马云表明了他的态度："我们推出支付宝吧，如果有人要坐牢的话就让我去坐吧，如果我坐牢的话你继续做我的工作，你如果坐牢的话，我们公司的第三把交椅就继续做这个工作。"这是马云当时推出支付宝的决心。

就这样，支付宝迈出了创业最艰难的一步。

而对用户而言，线上支付还是一个相当陌生的体验。如何赢得用户的信任，是支付宝面临的又一大难题。此外，银联的抵制和冲击等是一个又一个需要去跨越的阻碍。

但如今，支付宝不仅推出了，而且拥有十几亿用户。

这背后是多少的智慧和毅力，可想而知。这就是一个成功者在面对阻力时的魄力，也是一个成功者的必要条件。

你是否有胆量成为对抗世界之声的人？当你下定决心做某件事的时候，如果向你涌来的不是支持的声音，而是反对或质疑，你还有继续下去的勇气吗？

当世界否定你的时候，你走的是一条少有人走的路。在少有人走的路上，你才能遇到他人不曾见过的风景，听到他人不曾听过的故事。就如同，你想去西藏或非洲的时候，身边的家人和朋友会劝你那是有风险的事，让你打消这个念头。可是只有去过的人才知道，那可能是我们一辈子都不曾见过的美。

如果你再听到"你不适合干这个""这个事情做不成""没必要去折腾自己"的声音时，往前走一步，再走一步，你的世界才不会蜷缩在一个角落中。

有没有别人的肯定，你都要继续努力，不为别人，就为自己。

藐视琐事，不为杂念买单

"早上开车被拍了。"

"今天手机丢了。"

……

生活不缺少琐事，但不必为琐事烦恼，不为打翻的牛奶哭泣，因为，于事无补。情绪控制越来越受到重视，不得不说，每个人的生活压力都很大，某种意义上来说，我们无法改变这些琐事，唯一能够控制的，就是情绪。

劳恩教授是一个著名的哲学家，他有一个很有名的莲子核桃实验。这个实验并不在于实验本身有多高妙，而是实验背后所蕴含的哲理，这也是我曾在书本中读过的一个意味深长的故事。

劳恩教授平常上课基本不带任何东西进入课堂，但是在最后一堂课的时候，他往往会带上一袋核桃、一袋莲子、一个空的玻璃瓶。

望着这些道具，你能联想到一些什么样的哲学问题？想不到吧？但是对哲学系的学生来说，这是毫无悬念可言的。因为他们都学过先装核桃再装莲子，以此说明世界没有绝对的满、只有相对的满的哲学辩证法，这是一个基本的哲学道理。

所以，他们对这一告别式课程即将教会他们的哲学道理毫无期待可言，甚至费解这么著名的一个教授居然以这样的方式给他们的哲学课画上句号。

但是教授终归是教授，即使是一个小的举动背后也会有他的深刻寓意。在同学们并无兴趣的目光中，他开始了他的实验。但这一次他并非按已熟知的实验方式来取出核桃放进玻璃瓶中，而是淡定地从袋子里取出莲子装进了玻璃瓶中，并牢牢地把每一个角落压实。

做完这一举动之后，他停了下来，默默地关注着台下的学生，等待着他们的反应。同学们原本并无兴趣的眼神突然有了一些疑惑，甚至有人发出了窃窃私语。这本是一个无须验证的经典实验，教授为何反其道而行之？

果然就有好奇心重的学生提出了他们的疑问："如果先装莲子，那核桃怎么还装得进去呢？当然是先装核桃，莲子才能插空进去。"

事实也是如此，这个实验最终是没有成功的，核桃的确装不进去。但是教授却是想让这失败的实验让学生意识到一个空间若是被占满了，另外的东西就很难进去了。如果把莲子和核桃迁移到生活中，莲子就代表着生活中的琐事，而核桃则代表即将做的大事，这个玻璃瓶就是我们的心。

要是一个人的心被像莲子这样的琐事占据了，那像核桃一样的大事就没法装进心中了，所以我们应该给自己的心腾出一些做大事的空间，而不是先来安置那些无关紧要的琐事。总而言之，我们不应被琐事所困扰。

据说，凡是上过这节课的学生都对这堂课有种特殊的感受，这哲学班的最后一堂课，也成了学生最好的毕业礼物。

每个人都只有一颗心，每颗心的空间是有限的，如果我们的心被琐事占满了，那怎样腾出空间来装更值得的事呢！

心中装满了恨，爱的空间就相对少了；

心中的委屈多了，豁达的心情就少了；

心中的苦涩多了，那甜蜜也就少了一分。

心灵长满了杂草，能散发出的芬芳就淡了一些。

而占领我们心情空间的恨、委屈、苦涩等，常常是不值一提的事。

变通的性格，造就优质团队

一个朋友的外号叫固执，他认定的事情即是真理，绝无半点更改，即使在碰到墙之后，他认为也是墙的问题。

很多年之后再见到他，发现他不再固执了，我很好奇，因为本性难移。于是很认真地问他，受到谁的指点了？

"换个视角，世界一样美好。"他笑着说道。

不同性格的人会有不同的工作风格，也会导致不一样的工作效率。在工作中，一个领导知人善用，才会发挥出团队最大的效应，而根据不同的工作任务，合理地搭配不同个性的成员，才会打造出优秀的团队。

表妹毕业之后一直和我住在一起，刚工作那会儿，她每天回来都会先和我吐槽一下单位的那些乱七八糟的事情，一会儿是这个人在背后说那个人的不是，一会儿是那个人说单位的管理存在问题等，偶尔也会跟我抱怨她受到的一些委屈。我劝她有问题别在背后讨论，工作上存在的客观问题可以通过正常的渠道向上级反映。可表妹却说，行政管理的主任脾气大得很，她跟人讲话有时能把人噎死。大家都不喜欢她，更别说向她反映问题了。那这样的人怎么坐上领导岗位的呢？"行事果断，上层喜欢呗！"表妹一言以蔽之。

2015年，表妹的单位来了一个新的主任，主要负责各项工作的督查。大伙想着这下可完了，有一个脾气火暴的不算，又来了一个念紧箍咒的。所以，新主任来的时候，大家并不怎么待见她。但这个新主任偏不在意这些，天天对每个员工堆着一脸的笑，还会主动和每个员工打招呼。

这笑脸看多了，大伙竟觉得这主任多了一些亲切感。她尊重每一个老员工，常常和老员工拉家长，什么养生宝典都乐意和他们分享。她注重年轻员工的成长，经常去办公室问他们需要的帮助和存在的困惑，能解决的她就尽力解决。

在督导过程中，要是员工工作存在什么问题，她就会以委婉的方式指出问题所在，然后提供一个可行的方案供他们参考。

最重要的一点是，她愿意成为大家的"垃圾桶"。一线员工在工作中受到的委屈或发现的问题，她都会很耐心地听他们的表达，然后在合适的机会反馈给上层领导。即使有时候这个问题她认为是个人情绪，她也会听对方说完之后给予一定的开导。

这样真诚的态度很快就得到了一线员工的"民心"，大家都愿意向她倾吐真实的心声，也非常信任她。而原来领导必须通过行政命令才能下达的任务，有时候甚至需要做思想工作才能开展的工作，只要让她开这个口，员工们往往就抹不开面拒绝，也就心甘情愿地接受了。她成了单位上传下达最好的润滑剂。

在这样接地气的交流中，她也了解到了每一个员工的特点和真实想法。每一个任务来临的时候，她都能迅速把每一份职责落实到位，把最适合的人放在最适合的岗位，大大提升了工作效率。

自从这个主任来了之后，我听表妹回来说得最多的就是这个主任如何好，大家怎样配合她的工作，她又是怎么关心大家的生活。

能让一个员工下班之后还在念叨着她的好，这就是一个领导的魅力吧！

这个主任能在一个新单位站稳脚跟并充分得到员工们的信任，源于她个性中给人的亲切感和温暖感，她能切切实实给员工人文关怀，让人愿意靠近她。

员工只有感受到了被尊重，才能从心底去尊重他的工作。这个主任得到的是人心。而只有人心所向，才能激发一个人骨子里最大的潜力，内在动力远远胜过外在动力的效果。

其实不仅是领导岗位需要这样性格随和的人来凝聚人心，团队中更少不了这样性格的人。性格随和的人善于聆听，能换位思考，就能更清楚他人所需，照顾到他人的感受，这样一来就能凝聚人心。

性格随和的人本身比较柔和，和他们待在一起有舒适感。他人自然愿意和他们合作，也乐于和他们合作，合作就会更好地实现双赢。

性格随和的人即使能力不是最强的，但能以他们天生的性格优势迅速地融入团队，减少一些磨合的时间。

性格随和的人具有一种感染力，当他们把这种力量传递给身边人的时候，一个团队也能在长时间的浸染中逐步形成一种团队氛围。

单打独斗的时代已经过去了,如今是合作才能实现共赢的时代。团队的力量显得尤为重要,而团队的凝聚力又是首要因素。要提升团队的凝聚力,团队个性搭配非常关键。在一个团队中,即使一个人能力非常突出,但是其他员工不愿意配合他,那么他的能力也无法彰显。所以,在选择团队员工的时候,我们需要有各方面的考量,性格随和的关键人物是必不可少的,他能成为这个团队凝聚的核心力量,以他的性格魅力逐步地去感染身边的人。

如果你是一个团队的领袖,那么就需要具备组建优秀团队的视角。

不固执,懂得变通仿佛是一件绝处逢生的法宝,我们总希望世界美好,殊不知,换个视角,世界一样美好。

小事不争辩,随遇而安就好

随遇而安不是凑合。

见过很多的微笑,都像是在说"好吧好吧,就此打住",突然想到聊天工具表情包的真正作用,在不想争辩的时候,怎样的语言都显得无力,不如一个微笑的表情,其中意味,对面就可知晓。

这个月底,老林就要退休了,可一点儿也看不出她是一个即将"失业"的老太婆。她身材高挑,经常穿着长裙,背总是挺得很直。

如果她迎面向你走来，你会感受到一股英姿飒爽的女将之风。

工作任务重的时候，我们这帮小年轻会颓丧着脸，毫无精气神可言。老林倒是比我们更有干劲，拎清任务就开干了。当我们拖着疲惫的身体下班时，老林的脸上一点疲惫的痕迹都没有。

这种状态怎么像一个临退休的老员工？我们这帮人除了钦佩就是纳闷。

和老林相识了几十年的慧姨告诉我们，老林这一辈子就赢在了心态。她俩18岁出头就认识了，两人同在一个单位上班。这么些年了，她几乎没有见过老林和谁面红耳赤过。刚工作那会儿，单位的人看着老林本分，苦活、累活都让老林去干。老林也从不拒绝，能干的就干好，不能干好的就尽力干。慧姨的性格比较直接，她常会为老林出头，老林心存感激，但也不会像慧姨一样和他们去掰扯。

公司有一年评奖，根据内部消息，已经定好是老林。结果不知怎么的，宣布结果的时候，奖项落在了另一个人头上。这下，为老林不值的人就在背后窃窃私语了。一时间，公司员工的关系比较紧张。然而老林却把这事看得很淡，当时，她的一句话令慧姨一直记到如今："这个奖项对于我未来的人生并无影响，就是一时的荣誉而已，何必在意？"

就是这样，这么多年似乎没有什么事情能真正打破她内心的平静。同事之间的勾心斗角，一时的荣誉成败，或者是他人的评价，老林都是一笑置之。在她看来，这些东西并不值得她纠缠。

看似与世无争，但她比其他人更清楚自己想要的是什么。与其浪费时间在那些无关紧要的小事上，不仅损耗心力，也没有效果，不如一心走自己想走的路。

真正的智者莫过于此——不纠缠，向前看，所以到老了也有一份淡泊的精神。

可惜的是，许多人都把自己囚禁在一个计较的世界里。

今天和谁一起吃了顿饭是我买的单，我就变着法地想让对方请回来；谁今天受了领导的表扬而我没有，我就非得让领导也清楚我的工作效果；谁的男朋友送了她一条漂亮的项链，明天我也得拉着我的男朋友去买一条……诸如此类的事数不胜数，为了这样一些事情让坏情绪住进心里，老认为他人比自己更幸福。

仔细想想，你是不是也吃了别人免费的午餐呢？即使没有，这一顿也许让人家记了你一份情呢；工作的表现一时没让领导看见，但也不代表领导永远看不见；男朋友没给你买项链，也许他给你的是一顿温馨的晚餐……你看到的永远是自己没有得到的那部分，已然得到的并不懂得如何珍惜。

更何况被请吃饭、没被表扬或送礼物这些事情即使真实存在，又如何呢？这些事情会影响到你的生活，会影响到你的未来吗？它能困扰你的心情多久？不过就是一时的占有欲和求胜心作怪，却偏偏坏了自己的心态。既然如此，何不当下就让它过去，乐得一个潇洒呀！

往长远看，如果你把自己的时间都用在了这些小情绪上，将自己困在这三寸目光中，怎么打开新的局面？

在这一点上，作家周国平先生想得比较通透。在某次新作见面会上，他向记者坦言："一个想大问题的人，包括想生死问题的人，起码可以做到对日常生活中的小问题不会纠结，不会在意，知道这些东西都是过眼云烟。有这样一种心态，可以让自己和具体的遭遇拉开距离，这就是收获。"

一个作家的创作生命是有限的，或许是坚守着这样的心态，周国平先生的灵性并未被现实影响，他的创作生涯坚持了36年。这些年间，他写下了26卷文集，涉及中西方文学、哲学、美学等多方面的内容，作品思想超越了一定的水平。

如果他不是一个想大问题的人，而是把视角都落在了生活中的小问题上，那么他呈现出来的作品可能就是生活中的小情小爱。而事实上，他的作品《守望的距离》《岁月与性情——我的心灵自传》成了畅销经典，道出了万千大众的心声。

而正是这样不在意小问题，才让他把用来计较小事的时间都用来写作，实现了作品的高质高产。

法国作家莫鲁瓦也曾有过言论："我们常常为一些微不足道的小事失去理智，掐指算算，我们活在这个世界上也就几十年，但是我们却为了纠缠那些无聊琐事而白白浪费了太多的宝贵时光。"

人生苦短，那些真正值得我们花时间的事情必定是美好的，而那些微不足道的小事不过是在耗费我们的美好，该翻篇的决不要犹豫，你的人生每一天都应该是崭新的一页，这样你的人生之书才会永葆新鲜的活力。

如果你的人生都是些小事的话，那你一定是一个忙碌的人，但这忙碌却令人深思。

环境，并非是你一个人的

如果抱怨这个世界，那就抱怨吧，抱怨过后，努力就好。

世界是不是公平的？

我说是，因为总有一种东西能够衡量，那就是努力与否，相信，在努力过后，即使没有收获，你的心也是坦然的。

"寒门能不能出贵子"一直以来就是一个社会热议的问题。寒门与贵族之间的差距，无外乎是家庭的优越及良好的社会资源等。诚然，这几个因素能提高人成功的概率，但成功的关键因素仍在于自己。

自古以来，纨绔子弟就不在少数。这些人含着金钥匙出生，占尽了天时地利人和，然而偏偏自身不追求上进，即使全世界都为他护航，最终也只能是无力回天，最耳熟能详的莫过于扶不起的阿斗。

按道理说，刘备是一个智勇双全的人，有了这样一个爹，儿子怎么也不会差，更何况刘备用了一生时间为他打下了这个江山，已经为他事业的发展奠定了根基。而且他一出生便有如父如君的诸葛亮等有才能的人辅佐，只要他稍有智慧，守住这座江山也不是难于上青天的事。

然而，这个小主仗着有贤臣良将为他鞠躬尽瘁，居然在他的王位上安之、乐之，丝毫没有匡扶社稷之心。挥霍一天可以，一个月也能支撑，长年累月地不上进，这人也就没有可救的余地了。他人虽能保得了他一时，又怎么能保得了他一世呢！随着诸葛亮等贤才的离世，先人们为后主刘禅建造的这个"安全屋"也彻底瓦解了。魏国长驱直入，蜀国灭亡，刘禅也被俘。

帝王之家，天子之命，最终也逆袭不了历史的洪流。

过往的辉煌又有何用呢？一朝变，万事空，即使一人之下万人之上又如何？

优越的家庭条件是父母为你创设的，并非靠自己的能力。家庭变故或者外在的竞争随时可以夺走这些身外之物。而社会资源更是如此，先不提生老病死，人情冷暖就是一个不变的社会主题。在你拥有一定的经济实力和地位的时候，你的资源是无限放大的，而一旦你失势了，那些资源也随之依附了上位的人。

只有根植于自己身体的东西才真正属于自己。若是刘禅能拥有一定的帝王实力，也许他还能在那天下分割的时势下争一席之地，为自己创设一个新的环境。可惜，他误以为他的优越环境能保他一生。

当今社会，富二代、星二代处处都有。其中不乏浑浑噩噩、不求上进之辈，也有不少凭借自己的天生资源闯出了一片天地。你看，即使他们处在同一起跑线上，也有不同的发展走向。同一个环境下，上天眷顾的到底是更努力的人。如果你不思进取，即使你家财万贯，也不能成为一个多优秀的人。

出身寒门的人心有不甘，多生抱怨，总是幻想着如果自己出生在富贵之家，自己的命运会有多么不同。其实，无论你身处在何地，环境也不会围着你转，而是需要你去适应你所在的圈子，在那个圈子里凭借你自己的实力站稳脚跟。

2017年，林郑月娥在第五任香港特别行政区行政长官选举中获胜，成为香港首位女特首。对于这样的女强人，我很好奇她的身世和人生经历。我查询了一些关于她的资料，原来她也是平民出身。

林郑月娥出生在20世纪50年代香港湾仔的一个普通家庭。父母都是普通的平民阶级，当时他们一家七口人和另外五六户租住在一套公寓里，这是个没有洗手间的简易板间房。小林郑月娥连一张可以学习的书桌都没有，只能站在双层床边学习。这种居住状况直到她的兄长有自力更生的能力才稍微好转。

但我们再来看看她后来的人生经历：就读于香港大学，而后从普通公务员到香港政务司司长，再到香港第五任行政长官，并获得过香港金紫荆星章。

这么传奇式的人生，环境何曾为她改变过什么？是她在努力地改变自己适应环境，为自己争取更好的发展空间。

相比那些不肯努力却把责任归咎于出身不好及成长环境不好的空谈家，林郑月娥从思想上就已经赢过了他们。

想想看，你至少不需要和几户人家挤在一个破落的楼里，至少有一个独立的学习空间，至少不需要为了温饱问题而考虑过多。你有什么资格抱怨环境呢？即使抱怨了环境，环境就能变成你想象中的样子吗?

一直以来,我都很欣赏黑塞在《悉达多》中的一段话:"当多数人都像一片片落叶,在空中飘浮、翻滚、颤抖,最终无奈地委顿于地,却总有少数人恰如沿着既定轨道运行的星辰,无常的命运之风始终吹不倒他们,因为他们的内心有着既定的航程。"

改变环境是一件很难的事情,让环境为你而改变更是难上加难,你能做的就是在无常的命运之风面前保持着自我的坚持,有一份打不倒的实力。

别辜负了你天生拥有的环境,也别埋怨你所处的不幸。环境从来不针对谁而存在,你能做的就是,在你所处的环境中走出你的路。

念人之恩,思己之过

如果世界上没有感恩,将会怎样?

没有微笑,即使阳光灿烂,人群中也是"阴云密布";没有人情,我们都像是多余的那个人,站在角落中,关心着自己,从来不曾想到别人,再无感情可言;所有的事情没有规矩可循,只有混乱……

每个人活在这个世界上并不容易,可有的人幸福感更强,而有的人却终日忧愁,有时并不是生活条件的不同,而是心态的问题。说到底，幸福是有秘诀的，"念人之恩，思己之过"就是其中之一。

念人之恩的人，心中常记着的是他人带给自己的那份感动，他的内心必定是温暖而充实的；思己之过的人，常常反窥的是自身的不足，而在最适当的时机做出改变，从而成为更好的自己。

"念人之恩，思己之过"是一种生活哲学。

我的师父四十出头，是一个工作能力非常强的女人，可以说是单位业务方面的一把手，甚至在这个行业都有一定的名气。在单位，人人都尊敬她，包括领导和她沟通事情的时候也特别和气。她是凭自己的实力在单位站稳脚跟的。

但是她受人尊敬还有一个不可忽视的原因——人品。尽管有这么多人的"糖衣炮弹"，她从来不认为自己高人一等。能自己做的事她从来都是自己动手，而如果一定要找人帮忙，她必定记着这份人情并在适当的时间巧妙地还回去。

小陈是师父带的实习生，算不上是聪明，但比较肯干。她跟了师父之后不久，师父就因病住院了。为了不耽误单位的业务进度，师父远程指导小陈完成基本的工作，也算是保持工作的正常运转，当然小陈也在其中学到了不少的东西。两个多月后，师父病情好转回来，小陈也找到了新的工作。

师父一直认为小陈为她分担了很重的任务，所以她亲自送小陈到了新的单位，并且为她打点好一切。每一次只要看到小陈的朋友圈出现业务上的困难，她都会立马联系小陈给予专业性的建议。

小陈的事不过是师父众多事例中的一个，别人为她做一分，她能为别人做十分。她从不认为自身资历老，这些就是理所当然，而是把他人为她做的每一件小事都记在心里，尽管那个人明天之后可能和她再无关系。

也就是这样，单位的很多人都和她在情感上有"剪不断"的关联。她生病住院的那一次，去医院探望她的人围了病床几圈。

师父也会经常和我们这几个徒弟交流，非得让我们时常指出来她有什么不对的地方。她说，在她的这个状态，即使有什么不妥之处，也不会有人来提醒她，这样于她个人而言并无益处。而当她自己发现自身有什么不妥之处，常常非常用心地去处理。某一次，师父指导师姐比赛，情急之下对师姐说了重话。为此，师父特意买了礼物并手写道歉信，让师姐感动得一塌糊涂。

这样的处世哲学不得不令人心生敬意。无论身处什么位置，始终记得他人点滴的温情；无论身处什么位置，能正视自己身上存在的问题。既慰他人之心，又能宽己之心。

很早以前，我就听过一个关于念人之恩的哲理故事：

两位阿拉伯朋友一同穿越沙漠，两人因意见不合而争吵，其中一人打了另一人一巴掌。另一人什么都没说，用手指在沙漠上写下了"某月某日，某人打了我一巴掌"。而后，被打的人被风沙卷到了沙丘下，另一人毫不犹豫地将其救出。被打之人用刀子在岩石上刻下了"某月某月，某人救了我一命"。

后来，两人安全地结束了沙漠探险，救人之人问另一人，为何将打人之事写在沙子上，而将救人之事刻在石头上。于是，有了这一段充满人生哲理的文字：

"我们是好朋友，你打我，我把它记在沙子上，风一来，它就无影无踪，不会在我心上留下一点阴影；而你救我，却是需要我用一辈子来铭记的，正如刻在石头上一样，不会轻易抹去。"

初读这个故事，我大受触动。这一生，这一份救命之恩都会镌刻在他的心中。忘记他人给我们的伤痛，而记住他人对我们的付出，不仅是放过自己，更能让朋友的心靠得更近，这也是一种双赢。

在生活中，他人予你的是大恩或是小惠，你是否都能心中有数，并把这些瞬间留存在你的记忆之中？若能坚持如此，你的人际关系绝不会成为你工作中的苦恼，并且不断地会有"贵人"相助于你，因为懂感恩的人值得他人的付出，他人也乐意为这样的人付出。

而在与他人相处的过程中，你若能再常思自己之过错，那自然是在人际关系上锦上添花。一个能时刻自省的人怎会不是一个受欢迎的人呢？

当然，若是把这话反了说，成了"念人之过，思己之功"，那你的心胸就未免会越来越狭隘，你的个性也就会一日比一日骄纵，能真心为你好的人也会越来越少。可惜的是，不少人常常把自己过成了这番模样。

只愿我们都能成为生活中有大智慧的人，而非为了一时舒坦而失去了成全自己的机会。

挺胸抬头，拒绝高冷

我们努力做一个受欢迎的人，这不是妥协，而是对生活的热情。

我们虽然有自己的性格与个性，但我们不固执，愿意往好的方向改进自己，这是一种对生命的尊重，也是一种坚持不懈。

让自己变得精致，同时不那么高冷。

任何一个女孩都喜欢有绅士风度的男孩，而任何一个男孩也都会欣赏有礼有节的女孩。所谓的绅士风度或有礼有节并不是一种高高在上的高冷姿态，而是一种在细节中让人舒服的举动。

我来到这个单位的第一次聚会就牢牢记住了一个新来的女孩子，我们后来成了非常要好的朋友，而一切都缘于一个非常小的细节。

聚会那天，我因为公司的临时任务而较晚到达吃自助餐的地方。等我到的时候，大家都已经各自吃开了。正在我迟疑着要去哪一桌的时候，微微在不远处朝我挥手。等我走到她旁边的时候，她立刻把我让进了里面一个空的位置。

她示意我先吃桌上的东西，然后拿着盘子走开了。过了一会儿，她端了一个搭配好的食盘递给我："这些不知道合不合你的胃口。"

天哪，我当时就觉得这个姑娘太暖心了吧！在吃的过程中，她一直在调配着桌上的食物，完全没有顾及自己到底吃了多少。

也就是这个印象，让原本和她只是点头之交的我忽然对她有了亲切感。回到家之后，我就给她发了一条致谢的短信，谢谢她的贴心和照顾。

就这样，我们俩渐渐多了一些互动，后来就成了非常好的朋友。

原本只是聚会场合一个很小的细节，却大大增加了对一个人的印象。而这个印象分可能就是你对这个人的基本判断。相信这样的体验在我们的生活中随处可见。通过一个举动可以欣赏一个人，通过一个举动也可以讨厌一个人。

记得有一次过年，我带了许多的行李回老家。刚好有一个初中同学住在离我不远的地方，他也是同一个时间回同样的地方。我们其实已经有几年没有见面了，只是在微信上有一些互动。但是因为过年不好坐车，我便试探性地问了一下他方不方便顺路载我一程。没想到，他立刻回复的是：

"你在哪儿？我来接你吧！"

这简单的一句话立刻缩短了我们之间的距离感。我们两个人碰面之后，他先是帮我把行李放到了后备厢，然后又替我打开了车门。和我们一起同坐的还有他妈妈，他很耐心地向他妈妈介绍了我的一些情况，并给我们提供了一个聊天的话题。

车子到镇上之后，原本我们是不同的方向。但他坚持先把妈妈送回家之后，再折回镇上把我送回家。和上车之时一样，他帮我从后备厢里拿出了行李并为我打开了车门。不得不说，这种举动真是让人备增好感。

尽管这件事情已经过去了很久，但我依然记得他那些举动留给我的感受，这个男孩也在我的心中被列为"绅士"。我当时就在想，这个男孩要是去相亲，估计在女孩子的第一印象中就会被妥妥地接受。因为他的那些举动并非故意地讨好或做作，而是一种从内散发出来的主动服务意识，给人一种很舒服地被照顾的感觉。

我也是有过相亲经历的人，当时和一个男孩子去商场吃饭。他先进了商场门，然而居然连门帘都没能帮我拉一下，自己直接就进去了。那一瞬间，我连和他去吃饭的心情都没有了，那种体验简直不能更坏。

原本还等着他在餐桌上能发挥一下自己的绅士风度，没想到他都没有意识到要给我倒水。我当时就暗暗戳自己，我不应该这么想，既然是相亲，我也不能高高在上，于是默默地就给我俩都倒了一杯水，结果是可想而知的。

唉，也许他是一个大大咧咧的男孩，但是这种小细节我真的不是很能接受。

有些人以为为他人表现出服务的姿态是放低了自己的身份，其实反而是这种细节才能体现出一个人的高素质。

餐桌上，主动给一起吃饭的人倒水或添饮料；上车之前，给长辈或朋友开一下车门；进出商场给后面的陌生人留一下门；在办公室，主动打扫一下办公室卫生；和朋友或其他人一起出去旅行的时候，认真准备好攻略等。

把这些小的细节做成了一种习惯，你就会在无形中给人一种舒适感，他人就自然而然地愿意和你相处。这样不仅会给你带来好的人缘，也会自然地带给你一些人脉，也许还能收获一份好的爱情。其实当你正在做着这些的时候，身边的人会把一种欣赏的目光投向了你，因为没有人不爱有这种风度的人。

习惯了以自我为中心的人是很难具备这种意识的，在他们的概念里，他们就是圈子里的中心，他们理应被人照顾，而不是他们照顾别人。就算是碰到资历比他们老的人在一起，他们能做到的极限也仅仅是管好自己。

我想，这样的人你和他相处，在一起不会有很舒服的感觉。

要是我以后有个儿子，我想我会很小就培养他的这种服务意识，毕竟我身边的女孩都对"暖男"毫无抵抗力；当然，若是以后有一个女孩，我也不会让她像公主一样被人捧在手里，因为有些服务意识是一个人的基本素养。

对不起，你只是看起来很勤奋

从《你只是看起来很努力》摘了一小段：

"看起来每天熬夜，却只是拿着手机点了无数个赞；看起来起那么早去上课，却只是在课堂里补昨天晚上的觉；看起来在图书馆坐了一天，却真的只是坐了一天；看起来去了健身房，却只是在和帅哥、美女搭讪。"

你身边一定有那种看上去很勤奋的朋友，但仅仅就是看上去很勤奋而已，因为他们总是拿不出成绩。

我认识一个朋友，她就是这样的，总是看上去忙得不得了，她自己也说自己忙得不行。但实际上都是瞎忙，因为做事没有目的性，要干的事情很多，结果东一榔头，西一棒槌，最后什么事情都没做好。

例如说要考研，要学吉他，要学小提琴，什么都想学，什么都没学好。钱交了，全打了水漂。只要一问她在干吗呢，她铁定会说忙着呢，但忙也没忙出个所以然来。

勤奋的后面是需要有成绩拿出来的，没有成绩的勤奋，一概视为假勤奋。

以前有个同事也是一样，最早到单位，最晚离开单位，总是低头干活，看上去相当勤奋，但每次上司布置的任务，她都完成得不好，拖泥带水的。

例如下午要交的东西，她可以拖到晚上，所以别人下班了，她还在那里干活。一会儿玩玩手机，一会儿在电脑上跟人聊聊天，制造一种假象，让别人误以为很勤奋。

这种人能欺骗到的终究只是自己，没有任何意义。

效率比时间更重要，假如你全神贯注地做事情，3个小时就能把事情做得很漂亮，但如果你不认真，花10个小时也未必能做好。

举个例子。

大王是一家公司的UC设计，他们公司活不多，相比其他大公司而言，要轻松一些。但是他却每天都能制造出加班的假象来，甚至周末两天也频频加班。

他室友搞不清他状况，以为他们公司很忙，赚得也很多。其实根本就不是那么回事，他只是在无限拖延，做事没有效率，设计好的东西，总会被上面压下来，说不合格，所以他就只能重做，一来二去就是各种加班加点。

他摇头，上司也摇头，既害人也害己，所以不如把效率提高，大家都要舒服得多。

假勤奋这件事，就相当于你在课堂上假听课一样，你两眼聚精会神地盯着老师讲课，其实神早就游走了。老师和同学都以为你很认真地听讲，结果考试不及格。

记得当初上初三的时候，我们班上有个女生就是这种人，她是从别的学校调过来的，她叔叔是本校数学老师。

她每次上课似乎都很认真，我们嬉嬉闹闹的，就她听得认真，我们吵她，她还不乐意，嫌我们烦。

有次英语考试，我考了82分，我边上的同学也有70多分，她却没及格，哭丧着脸。原因呢，其实就是上课假装很认真地听课，但根本就没听到心里去。

生活中这样的例子不在少数，他们总是看着很努力，其实心不在焉。

有个学弟，在一家互联网公司上班，去了大概有2年了，算是公司的老员工了。他们部门有个主管的位子还空缺着。学弟觉得自己资质也算不错了，还待了这么长时间，按道理来说，主管的位子非他莫属。

但结果并没有，那个位子后来给了一个刚来4个月的小伙子。学弟气得直跺脚，说他辛辛苦苦为公司奉献了这么多，公司却这样对待他。

但是，他给公司带来了多少利益？他于公司的作用是不是很大？有没有能力驾驭更多更重要的事情？这些他都没有想过，只不过就是一气之下，辞职了。当然，并没有人挽留他。

真正用心了，别人一定能感受得到。假的终究就是假的，无论怎么都真不了，尤其是学业和工作，最是不能糊弄别人。

以前我表妹做作业的时候，总是喜欢制造一种假象，让人觉得她很认真。每次她妈妈过去看她学习，她就正襟危坐，一副很认真的样子。她妈妈走了之后，她就把书底下的漫画书拿出来看。

但表妹不能一直欺骗她妈妈，一到考试就露馅，成绩各种差。开始她妈妈还纳闷，这孩子看着也很用功啊，怎么成绩差成这样？

后来她妈妈学会了偷偷"进攻"，终于在某一次看到她在看漫画，就把她训了一顿，还把漫画书收走了。后来她倒是变乖了起来，勤奋学习，成绩也有了点长进，也明白了一个道理，好的成绩不是白来的，全是努力得来的。

其实我们也是一样，要想获取一件东西，必须脚踏实地地真勤奋，勤勤恳恳地付出，才能收获那些美好的事物。

Part 3

努力就是持续的煎熬

没有在深夜痛哭过的人,不足以谈人生。太多的经历告诉我们,对于一个努力的人,生活是不会让你一帆风顺的,总有或多或少的挫折。所以你纠结了,你迷茫了。当你选择再度出发时,是一种勇气,也是一种力量,因为多了一份承受的力量,你不再单薄、不再抱怨。当你经历过所有的痛后,会觉得一切都无所谓,因为努力更干脆。

世界给我冷漠，我报之以歌

我渴望每天早上，都能看到自己的微笑，证明自己活得不错。

但这个世界是现实的，有时候也是让人无助的，没有太多的善意给你，但那又怎样？还是一样需要从梦中醒来，面对，解决，然后再面对。

有人说，人生就是来解决问题的。

每次看着天空，桃子都会有一种莫名的亲切感，每次开心、难过、愤怒，她都会看一看天空，好像那蓝色的天空是她情绪的收纳盒，可以收走她的喜怒哀乐。

其实这些都是有原因的，因为很小的时候，奶奶告诉她，以后出门在外，要是想奶奶了，或难过了，就抬头看一看天，或许就不会那么难过了。

桃子长大后，跟她相依为命14年的奶奶去世了。奶奶唯一的老宅也没有守住，被三姑六婆瓜分了，桃子只能无力地把愤怒望向天空分解掉。

桃子念书只念到了初二，书念得虽然不多，但是她懂的却不少，比其他同龄孩子要早熟，也许是爹不疼娘不爱的缘故，她自己一个人坚韧地成长着。

没有了奶奶的桃子，只身离开家，带了仅有的300元钱，一路四处漂泊。因为年纪小，路上总是有眼睛在打她主意。

没留神，被人骗走200元，剩下的100元，她花了30元找了一家破旧的旅馆住下，捉襟见肘，70元钱撑不了多久。

她不得不鼓起勇气，向店家老板打听收不收服务员，老板看她一副可怜模样，说收，但是不要指望薪资有多高。其实那对她而言，已经很好了，因为她实在没有其他去处。

她工作的时候很用力，小小的年纪，干起活来比40多岁的大姐都麻利。老板很欣赏她的态度，说给她每月涨200元钱，让她留下好好干。

但桃子只在那儿待了4个月就走了，她南下去了广州。在那里，她看见了很多没见过的东西，很新奇。

她去的第一件事就是找房子，结果被黑中介骗了700元钱，最后才在一个偏远的小破屋里住下。

那房子里除了一张一米二的单人床、一张有点破的柜子和桌子之外，什么都没有了，"家徒四壁"用在这里非常贴切。

现在的桃子好像稍微懂得了一点生活，她去外面四处捡拾别人不用的东西，把它们带回来收拾，清理干净为自己所用，还采了几束野花插在捡回来的玻璃瓶中。

桃子没有朋友，从这一点来说，她是孤独的。因为她总是沉默寡言，不爱交朋友，不管难过还是开心，只是会抬起头望望天，自言自语几句。

她安顿下来之后，去饭馆找了份工作，前台兼服务员，一天工作 12 个小时,一天到晚很少坐下,除了在后厨洗碗的那一个小时,其他时间都站着。

到家都没力气洗澡,浑身酸疼,一个月的休息日只有 4 天,那 4 天,对她来说已经很奢侈了。

桃子很努力地存钱,她几乎从来不会乱用钱,对自己很苛刻,但看到那些孤寡老人或者需要帮助的人,她会毫不犹豫地施舍。她可以做到这点,对别人慷慨,委屈自己。

她参加了社区的公益活动,去照顾那些孤寡老人,买最好的水果,去陪她们说话,跟她们谈心,给予她们温暖。她总是在想,没人温暖她,那她去温暖别人,也总是好的。

时间久了,跟老人成了朋友,每次她走时,都会有很多人站在窗口目送她,眼神告诉她,希望她下次早点来。

每次她上下班,坐在最拥挤的公交里,内心也会生出孤独感,车里那么多人,但没有一个是自己可以说话的朋友。但那种孤独感,随着她下车就会消失。

她在那家饭馆卖力干了一年,后来饭馆开分店,她被调去当了店长,因为她勤快、负责,这些早就被老板看在了眼里。

她涨了薪水,公司给她分配了单独的宿舍,条件比以前好了很多。虽然搬离了以前的社区,但她还是会经常去看望那些老人。

桃子在 22 岁那年,交了很多朋友,她不再像以前那么封闭了,她说她长大了,真正地长大了,需要有友情的滋润,那些喜怒哀乐的情绪,也不应该老对着一个没有回应的天空发泄了,她应该讲给她的朋友们听。

或许这一点，她的奶奶会替她感到欣慰吧。她每年清明会回一次老家，给奶奶扫墓，也会说点知心话。

其实桃子觉得活得挺艰难的，没有亲情的滋润，她一切都靠自己，自己就是自己的靠山，虽然艰难，好在她坚强地走过来了。

有时候想想，生活再难，也能挺过去，没什么大不了的，那些孤独的夜、受过的委屈，也都会过去的。

只要足够努力，美好终将如期而至

我们渴望美好，但总感觉来得太慢。

如果是这样，那只能说我们的努力还不够，我们的坚持还不够，别无其他解释，人与人之间的最大差别，就是努力了吧。

最近在豆瓣上看到一篇文章，写北京五环外皮村一些人的生活现象，他们大多都是文学爱好者，有梦想有坚持，但日子过得非常拮据。

他们的工作各有不同，有花艺师，有工厂务工人员，有电焊工，有保安，有"地下的工人"，职业虽然各有各的不同，但有一点却相同，就是对文学梦的执着。

他们日子虽然过得清贫，但精神很快乐。住在北京最廉价的房子里，他们的文学梦想依旧不破灭，有空隙时间就看书写作。

有些人因为坚持，写出了很多属于自己的作品。那些文字我看了，觉得并不比那些做自媒体写作的人差。每个字都有血有肉，被赋予了灵魂。

那种辛酸，那种不容易，令人动容。但在他们看来，只要自己付出了，哪怕没有结果，也是最好的结果。

当然，努力不会白费的，因为努力，因为不退缩，因为坚持，才会有属于自己的作品，哪怕作品现在没有火热。但他们内心有足够的火热，这就已经够了，对他们来说就是莫大的快乐了。

很多人都很普通，但很努力，因为理解这句话：只有努力才能获得自己想要的一切。

对莫琳来说，也是一样。她是个普通得不能再普通的人，学历不高，只有大专，长相不出色，身材不出色，把她拎到大街上，没有人会回头看她第二眼。无一样出彩之处。

其实像莫琳这样的人有很多，只是有些人明明自身条件很一般，也不去努力。这一点莫琳就不一样，她知道必须努力一点，才能离美好近一点。

她老家在四线城市，她明白如果要开阔眼界，要增长知识，要努力进步，就必须去大城市。也许去了那里学不到什么，但如果不去的话，那更加学不到什么。

她给家里留下一句话，说她必须出去闯一闯，就连夜打包行李走了。一张火车票，就把她送去了北京那座大城市。

她用不多的积蓄，在北京郊区租了个廉价房。在那台用了五六年的电脑上，开始给各个公司海投简历。

因为资质一般，很多公司都没有回音，她足足等了一个月的时间，也没有任何动静。

于是她想到了一招，主动出击。对，就是主动出击。她花了两元钱在复印店打印了一份简历，拿着简历就直接去了事先想去的公司。

她直接避开 HR 那一环节，把简历给前台，让前台帮她交给部门主管。按公司制度，是没有这一环节存在的，或许是她的执着打动了前台，前台热心地帮了她，更好的消息是，部门主管同意直接面试她。

她诚意十足，把自己的肺腑之言全部向主管说了一遍，说她很渴望获得这次工作机会，希望领导可以成全。

就这样，因为自己的诚意，一个大专生在全国都有名的一家公司，获得了一个很不错的工作岗位，在公司运营部当了一名员工。

她也确实没有食言，她很用功也很努力，因为她知道这个工作机会的来之不易。

她可以住得差点，吃得糟点，都没关系，因为她知道现在是努力的阶段，对自己狠一点，将来才会离幸福近一点。

因为自己的表现出色，她的试用期从三个月破格降低到一个月，那也意味着她那些日子的努力没有白费。

学历低点有什么关系呢，学历不够，努力来凑。但是如果什么都没有，那就很糟糕了。

世界上通向美好的唯一途径，就是足够努力，足够用心。除此之外的道路，一律不行。

我们楼下有一户人家，我每次不管多晚回来，都会发现他们家的小窗口亮着灯，一次都没提早灭过。

由于好奇，我问我妈，我妈说他们家的小儿子读高三，正在冲刺考大学，几乎每天只睡四个小时，是他们同学里最用功的一个。

我听了哑然，因为自己高中从来没那么用功过，所以只上了个一般的大学。他那么用功，想必一定会去到心仪的学府的。

关于努力就是这样，很多时候不是因为你很努力却没有得到你想要的东西，而是因为你努力的程度还不够。要想收获美好，就必须把诚心拿出来，然后朝着胜利的方向，进攻猛跑。

我小时候有个玩伴，她家住在大山的半山腰。在她家的房子前边，有一片非常大的果树林，她家就是以这个为主要的收入来源。那时候，我们读书都能在家门口直接骑自行车走，而她却得先从大山走几十分钟的路程到山脚下，然后骑上寄存的自行车才能上学。

周末的时候，她也是经常在家里帮着一起打理果树林。在我们的眼中，她有着超出同龄人的懂事，也比我们能吃苦。

要知道，我骑自行车从学校单程回来也要40分钟，而她还有一段山路要走。遇上下雪天，她基本上连走带爬才能回家，冬天上学时天没亮就得出发。我们这些人基本不需要干农活，而她却从小就要割猪草、喂猪、下农田、插秧等。

可是，我们从她的口中却听不到半句抱怨，她反而总是尽量节约时间回家分担爸妈的负担。在学校，她的成绩也从来不需要老师操心，总是令小伙伴们羡慕。

读中学的时候，她爸爸因为一次夜行跌进了隧道中摔伤了腿，从此以后重劳动的能力基本丧失，家里的负担基本落在了妈妈和她的身上。

她比以往更努力地读书，全力在争取学校每一次的奖学金。

后来，她以优异的成绩考上重点大学。在大学里，她一直是靠勤工俭学完成学业。

如今在大型企业上班的她已经从职场菜鸟一步步升到了管理岗位。

过年的时候，我们曾有一次见面。我感慨着她的过去，没想到她却笑着告诉我："那时候我们家就一直坚信，日子再难，也总有过去的时候。最坏的日子我们都经历了，将来什么样的苦我们都能承受。其实，工作之后我才发现我在那些艰难的日子反而磨炼出了执着精神。如今这个在工作中是很有益处的。"

现在，他们一家人都满足于当下的生活，过着平平淡淡却温馨的日子。每次和他们在一起的时候，总感觉他们身上有一种平和的力量，能让人的心瞬间安定下来。或许是因为他们经历过生活中太多的苦，才能坦然面对生活。

《平凡的世界》中路遥曾告诉我们："其实我们每个人的生活都是一个世界，即使最平凡的人也要为他生活的那个世界而奋斗。"他们一家人是这平凡人最真实的写照。

其实，人一生下来就应该用一颗坚忍的心来迎接迎面而来的苦难。只有体验过苦难的日子，你才会明白生活的真谛。

路遥在写《平凡的世界》一书时，以那片黄土地为背景，讲述了几代人的人生。孙少安属于乡村阶级，他的世界在田地、在乡村大队；孙少平代表知识青年、学生、当代工人；田福军代表的是干部阶层。

　　孙少安的每一步都在为自己闯荡，扎根和建设新农村就是他朴素的梦想，这一辈子所有的苦难、幸福、屈辱、荣耀都是在这个地方，真实得平凡，平凡得耀眼。孙少平出身农民，却无时不忘从小农意识的海洋里挣扎逃出，到城市主动挑战别样的苦难磨炼自己，他作为一个苦力在城镇栖息下来。他没有因为出身的卑微和处境的困顿丧失对理想的追求，对精神的追求。田福军在官场沉浮，却始终如一地坚持为人民谋福祉。

　　尽管他们三人代表的阶级不同，但是他们都有一双分辨黑白的眼睛。在一个平凡的世界，走过苦难，坚守自己做人的原则，坚守自己想要改变什么的坚持，这才是人生真正的本质。

　　如今，虽然时代不同，但属于每一代人的奋斗是相通的。

　　在温室里长大的花朵，如果没有经历过风雨，在暴雨来袭的时候可能会凋零；而在风雨中成长起来的人早已经练就了一副属于自己的铠甲。

　　那些经历过生活磨难的人才更能体会他人的情绪，更能学会爱与被爱。

　　我们每个人都应该在自己的领域尽全力地生活，当千帆历尽，才能云淡风轻。因为人生真正曼妙的风景是经历过苦难之后的淡然。如果你正处于艰难的处境之中，请珍惜这一段时光。走过去了，你会更明白生活中点滴的幸福。

　　只要足够努力，美好终将如期而至。

纵使万般风雨，人生也决不言弃

从小到大，你有没有放弃过什么事情？或多或少，都有的。

小时候莫过于：

数学题太难了，做一半就放弃了；

乒乓球太难打好了，还没开始学就放弃了；

游泳老是呛水，呛到第二次就放弃了；

钢琴刚刚识谱，不到一个月就放弃了；

长大后：

考研太难，放弃了；

考雅思托福太难，放弃了；

工作不能胜任，放弃了；

喜欢一个男孩，对方太优秀，放弃了；

北上广拼搏太辛酸，放弃了；

……

放弃，无疑是人生最无力且又悲哀的事情。为什么要放弃，因为觉得自己握不住"号"，把不住"脉"，一切都不在自己的掌控中，远远超出了自己能承受的范围。

可是，哪有一件容易的好事，能发生在自己的头上呢？这几乎是不可能的，因为人生就是各种艰难坎坷叠加在一起的。

有一个学长，从小到大什么事情都嫌麻烦。只要稍微艰难一点的，都不愿意去做。

跟你们说句悄悄话，就他那成绩，是考不进我们学校的。最后因为有点"路子"，硬是给强塞了进来。按道理他应该好好珍惜那样的机会，但他依旧一副"铜墙铁壁"的模样，属于"面不改色，心不跳"类型的，没得救。

后来因为喜欢音乐，报了吉他课程，天天抱着吉他不撒手，教室里很少有他的身影出现。

有兴趣是好事，但他很倔强，因为他的音乐梦想，他学起了当年的高晓松，读到大二就退学了。但他却没有高晓松对音乐的执着，所有的喜爱，也只是比三分钟长一分钟的四分钟热度而已。

如果一个人能确定自己的兴趣，并把它长久地坚持下去，并能做出一番成绩来，那无疑是件可贵的事，是人都会赞赏。

但他后来也没有走上音乐那条道路，据说是学了一半，觉得太艰难，怕自己会饿死之类的，又打消了念头。

最近一次知道他的消息，是在同学群里，有人发来他的一张照片，照片里的他倚在门上，头发乱糟糟的，看上去有些颓废。

有同学说，可惜了他，那个时候长得像男神，现在一副屌丝模样，估计混得不好。他好不好，我们也只能在心里默默送个祝福，毕竟与自己不相干。

胆小懦弱，又不会争取幸福的人，从来不会被幸运之神眷顾，相反还会被它加以捉弄，接受更严峻的考验。

他一次次地放弃，只能一次次为自己买单。坚持一件事情或许很难，但放弃的成本其实很大。因为你已经付出过的时间和心血，都证明白白浪费了，在经济学里来说，是吃亏的。

除了武装自己，你别无选择，说到底，只有武装自己的才能，你才能有底气说：我不放弃，我也有能力不放弃。

知乎上曾看见过一个问题，问你放弃过什么。

可能是因为这句话引起了大家的共鸣，很多人在底下留言。答案五花八门，各有不同：

有因为异地恋，受不了长时间的相思苦，放弃继续爱一个人的；

有放弃国内"985"大学，跑去美国重新念本科的；

有放弃基督信仰，重新皈依佛教的；

有放弃健身，继续胖下去的；

……

总之，每个回答后面，都给自己列了一堆理由，那些理由看着很滑稽、很苍白。

因为在自己选择一件事情前，是想要把它一口气坚持到最后的。但是选择之后，如果稍有不如意，就打起了退堂鼓，让自己当初的选择变成泡沫消失得无影无踪，其实都是不值当的。

如学长那般，即便在大学肄业，选择音乐，但他没有《食梦者》里真诚和高木一样的能力，就不该贸贸然做决定。

有些事情放弃了，则是前不能进，后不能退，处在很尴尬的境地。你要少给自己一点退路、一点借口，才能稳步前进。

我认识一个朋友，高中时期喜欢上读书写诗，并且每天都会坚持。

读大学后，很多人对他嘀咕，你快别写你那破诗了，有那工夫还不如去肯德基端两个盘子，赚点生活费。这年头，谁还能写诗赚钱。

朋友心里的愤怒没有表现出来，他恭恭敬敬，说谢谢他的好言相劝，他会好好考虑的。

实际上他并没有听别人的劝告，而是更用心了，诗词看得更勤，写得也更勤了。

能坚持的人，其实并不是他们不怕锤炼的痛苦，而是他知道，放弃会更苦，那样会使他不快乐。所以他宁愿辛苦，也不要去放弃。

大学毕业他找了份与文字相关的工作，依旧写诗。但他写的诗，早就不是一个人偷偷看的文字了，早已被各种诗刊社进行了刊载。他现在的成绩，早已能化成一只无影手，啪啪地给当初给他建议的同学一记记响亮的耳光。

虽然说人生就是不断放弃和选择的过程，但当你执着于一件事情时，你不要轻易言弃，也不要害怕，不坚持到最后一刻，你都不知道会有怎样的惊喜等着自己。

你可以放弃，但你在放弃前要仔细想想，放弃这件事给你带来的利害。

生命从不懒惰，你要学会拼搏

见过这样的说辞："如果我拥有多少财富，我就什么都不干，安享晚年。"但往往这些人的现状也不乐观。

如果成功，暂且不论大小，我们可以停下吗？

不想折腾，是人性；不停折腾，也是人性。仔细想了一下，如果不想折腾，对生命来说，是一种"亚堕落"的存在。

认识一个大叔，50多岁，身兼数职，是一家煤矿老板，同时也是几家抗癌细胞医院的老板，全国业务遍布很广。

跟他认识也是偶然，在一家书店，两人看到一本兴趣相同的书，便唠了一唠。问及职业，他说他做煤矿生意时，我还不太相信，因为他身上实在没有浓浓的"煤味"，反而有几分温文尔雅。后来他又自己调侃了一句，说他还开了家医院，也算是个"文化人"。

我对他的好感瞬间提高了几分，我们从书桌柜旁聊到圆桌上，简单地聊了聊对那本书的看法。

我问他，大叔这么能干，年轻时肯定吃过不少苦吧。他淡然，说只不过那时机遇好，时代造就了一批人，早吃螃蟹的人，比晚吃螃蟹的人要好得多。

虽然他轻描淡写地一带而过，但年轻的时候肯定是吃了不少苦的,才能有如今的地位。只不过时间早已过去久远,他也没必要再细数。

既然他不肯多说,我也没有多问,临分别时,他对我说了一句让我很难忘怀的话:"年轻人,现在多吃吃苦,对以后没坏处的。"

我微笑,礼貌地向他说了再见。

我懂那句话的含义的,他年轻时走过的路和受过的苦,都包含在那句话里了。

是啊,年轻是人最大的资本了。因为年轻有无限的活力,去追求自己想要做的事情,可以有力气操控世界。

说实在的,现在很讨厌听到的就是,如果我还年轻我会怎样怎样,即便你年轻又能怎样呢?如果不努力,只不过是把曾经走过的路,重新走一遍而已。那些话大多都是,年岁已老,但一事无成的人说出来的。

记得有一次大热天,中午与同事一起下楼吃饭,在路上碰见一个建筑工人依然在工作,大夏天的他没有任何遮阳物,汗珠子布满了整张脸,不停地用衣服擦着汗。我跟同事打着伞,都被太阳晒得要晕过去了,更何况赤裸暴露在太阳底下的他。

我们走过去跟他寒暄了几句,告诉他中午应该休息一下,太阳太大,不然容易中暑。他笑了笑说:没事,中暑也得接着干,反正我现在年轻,累点不算啥,家里的娃娃还等着我呢。

谁听了想必都会心酸吧。是的,会心酸。但这也是不得已的事情,因为这是现实。

吃完饭回来的时候,看见他蹲在路边上,吃着两素一荤的简便盒饭，对他笑着说了声再见。

拼搏是人生的永恒主题，何况你还正值少年。很多年轻人，都在朝着同一个目标努力奋进。

有时候偶尔加班到凌晨，走出公司，望向对面的写字楼。那些窗户里依旧闪烁着光，那些光，都代表着奋斗的光芒吧。一颗颗年轻的心，在自己的工位上努力奋斗，盯着屏幕，制订方案，或许在那个凳子上，一坐就是 12 个小时。

虽然痛苦，但同时也会快乐，至少心里有个奔头。什么都不可怕，最可怕的是，一颗年轻的心，心里空荡荡的，四处游离，没有着落，最后一事无成。

这里说个故事。

故事主人公叫小 F，在本地念大学，实习期间去了上海。他家人苦口婆心劝他，让他留下，家里什么都有。

但他还是走得决绝，为了能留在上海，一个刚二十出头的年轻人，比拖家带口的中年人还要拼。

找工作，投简历，面试，最后在一家互联网公司留了下来。因为住得离公司远，他每天早上要转一趟公交、两趟地铁，早上 5 点半就会起床。在车上看看书，听听付费内容。晚上会搭最晚的那班车回来，经常累到直接扑倒在床上。

累了就照照镜子，看看自己年轻的脸，告诉自己，他可以。实习期结束后，他很顺利地留在了那家公司，也很顺利地留在了上海。

你年轻，你就该拼，这是唯一能在世上好好生存的法则。没有任何借口，也没有任何理由去懒惰、去放纵。

如果熬不下去了，你也应该像小F那样，照照镜子，看看自己年轻的身躯，是不是不应该辜负它，是不是应该为此做出努力。

人生就是不断奔跑的过程，如果哪天你跑不动了，或许是你老了。但现在的你，还年轻，就应该努力去拼一拼。

如果不老，请努力，这就是活着的证明。

每个生命，都不轻松

很多朋友都在抱怨生活的不容易，有这样那样的烦恼，感觉没有生活乐趣，我静静地听着，也赞同。因为我也有生活的烦恼，每次抱怨之时，感觉特别舒服，但抱怨过后，又感觉什么都没改变，还得继续面对。

过了很长一段时间之后，我不再抱怨，我知道，每个生命都不轻松。

娟儿终于把孩子生下来了。我们到护理室去看望她的时候，她抱着我们就哭了起来。没有人安慰她，都是静静地拍着她的肩膀。她实在太需要这一场哭泣来宣泄自己的情绪了，有此刻的欣慰，更有这一路以来的不易。

自从我认识娟儿开始，就知道她准备怀孩子。现在我们已经认识6年了，她才把孩子生下来，这一路只有她自己才清楚自己经历了什么。

她和她的老公是校园恋爱，两个人的感情特别好，所以毕业之后才能走进婚姻殿堂。最开始两人并没有太在意怀不上孩子这回事，可是时间久了，两人也察觉有问题，便去医院检查。医院开始给他们进行一些基本的药物治疗，但是并没有什么效果。后来也就加大了治疗的力度，常听娟儿说起去医院一趟就相当于到鬼门关走了一回，感觉自己不是一个正常的人，而是一个被设备修理的机器。

从医院回来之后，往往就是大包小包的中药，她都快成了一个药罐子了。然而这些苦吃过了之后，依然没有起色。两人便开始尝试试管婴儿，谁知第一次试管婴儿还失败了。在这种反复的折磨中，再好的感情也会被磨灭，两人开始不断地争吵，感情的裂缝也越来越深。

那段时间，娟儿就像个丢了魂的人。可是我们除了同情，实在是无能为力。

最终，在父母的协调之下，两人决定做最后一次尝试，如果不行，就放弃。

上天还是眷顾了这个吃了太多苦的姑娘，怀了孩子的娟儿似乎把之前的一切苦痛都忘记了，全身心都在守住这个孩子。她辞掉了工作，一心在家里安胎。

可能是因为药物治疗的原因，娟儿在怀孕期间越来越浮肿，生完孩子的她和一头大象的体形差异也不大了。但她已经完全没有心思在意这些，只要自己的孩子平安，她自己身上的一切苦痛都是值得的。

望着眼前哭到不能自已的她,我在心里暗暗地想:要是以后这个孩子懂事还好,如果不懂事,那这一切苦吃得太冤了。

女人这一辈真不容易,耗尽全身的精力生下了孩子,余下的半生都得围着家庭转。要是自己独立自强一点,还能有自己的生活。但是有多少女人不得是先顾全了家庭,才能顾到自己的生活。

前段时间,在刷朋友圈的时候,还看到一位事业发展较好的前辈发了一条朋友圈,大意是在倾诉"丧偶式婚姻"的悲剧。她是一个私企的中层,这段时间面临着专业的晋升,需要参加国家组织的考试。但是她的老公一直在西南,当初为了孩子的教育,她才一个人带着孩子来到了C城,其中的辛酸就无法一一道尽了。

这几年,她一直过着白天上班,下班赶回家给儿子做晚餐并辅导孩子学习的日常。一个女人既要带孩子,又要做事业,这其中有多难可想而知。

近段时间,孩子即将期末考试了,老师在群里对各项作业催得勤,稍不留神就是一个点名批评,她得把关孩子的学习。最累的是,专业考试需要投入大量的时间扎扎实实地备考。所以,一天下来也就是睡觉的那四五个小时属于自己。还不能让孩子有个头疼脑热,否则,睡觉的时间也被剥夺了。

这种日子熬到她内心崩溃,而又无可奈何,只能以朋友圈的形式宣泄一下。

听起来,似乎女人的日子很艰难,那男人们的日子是不是就舒坦一些呢?说来可笑,我的初中好友曾向我抱怨,他觉得人近中年的男人像狗。当时我还笑他的这种自嘲方式太没有水平。不过听完他的心路历程，我倒是认为除了难听一点，也没有太多不妥之处。

他是一家电子公司的职员，主要工作是和客户洽谈业务，出差对他来说是再平常不过的事情。为了谈成业务，有时候陪客户打牌到通宵是在所难免的。为了抢一个单子，常常需要争分夺秒，那根弦始终紧绷着。成天揣摩业务有没有希望，怎么能让客户满意，让他在这个行业里学会了揣测人心。要是没点察言观色的本领，可能连对方话里的深意都不能明白。所以，做真实的自己在商场上是很难的。

当他出差回来之后，往往面对的不是老婆的理解，而是不停的抱怨。他当然也清楚一个人在家带孩子的不易，但是他也没有选择。房贷要供，车子要养，还有孩子的教育、老婆的开销，老家还有自己的父母，他只能在外面拼命。两者不能兼顾也不是他想要的结果，但也无法调和。

他笑言，他常安慰自己身为男儿，使命就是把苦往肚子里吞，这可能就是每一个男人需要的担当吧！

如此看来，生活并不会分性别来给你出难题。没有人的生活是容易的，没有什么事情是容易的，我们来到这世界上，既然享受了这欢声笑语、良辰美景，就得承受它给我们的磨难和苦痛，而这其中，又以生离死别为生命中不能承受之重，却是每个人都必须去接受的命运。

你的不易并非你一个人拥有，人生来就需要承受生命给予他的一切。

没必要在挫折中沉沦，因为挫折很多

一次，深夜里一个人静静地待着，回想了过去，突然有了这样一个疑问：

我们经历的挫折其实并没有了不起，是我们主观意识感觉它很痛苦，所以影响了我们的情绪？是大脑根据惯性做出的过度反应？

带着这个问题，我想明白了很多道理，任何痛苦都经不起时间的洗涤，等人的大脑渐渐忘记这回事，也就淡然了。

小表妹哭着打来电话，告诉我她这次竞选学生会主席失败了。如果不是异地相处，我真想立刻给她一个拥抱，因为那是一个小女孩进入大学时候的梦想。

在我大学的时候，表妹就不止一次问过我大学是什么样子的，并且向往着成为学生会主席，在大学尽情地挥洒自己的青春。

为了这次竞选，她从大一开始就进入了学生会，任劳任怨地做着每一件事。为此，还特意学习了演讲与口才的课程，让自己在台上更有自信。竞选前，她更是请教不少学长学姐传授一些经验，邀请自己的好姐妹陪自己选购当天的服装等，颇有一番势在必得的架势。

然而，结果就是这样——被毫不留情地刷下来了。

这对一个充满了热情与期待的 20 岁的小女孩来说，无疑是一种打击。所以，她的这种毫无掩饰的难过我完全可以理解。

得到这个岗位确实是一展身手的好机会，毕竟这是一个可以充分实现象牙塔中的小年轻们热血的平台。不过既然已经失去了，又当如何呢？

我试着从一个理性的角度和她分析。

如果没有成为学生会主席这个目标，你可能就只想安安静静地度过这四年的时光。但是从一开始，你便清楚自己想要什么，所以你想成为那样优秀的人。这两年，你在大大小小的活动中磨炼自己，和不同的人交流来锻炼自己，学习不同的知识来丰富自己，就是为了能成为你目标中的样子。

如今的你不再是进入校园时那个青涩的模样，而是能在台上侃侃而谈的你，能条理清晰地安排大型活动的你，能和不同性格、不同爱好的人成为朋友的你。

这些不都是你在追寻这个目标中所学到的吗？

不管这个位置属不属于你，你都已经成为更优秀的自己。

平台到处都有，但这样的你仅有一个。你在这个过程中学到了这么多的经验，不是比得到本身更值得欣慰吗？

得不到，并不代表你没有学到。

你看看，你的那些考研的学长学姐，每一个人都为此付出过，那是否每一个人都能如愿以偿呢？答案是显而易见的。若是不能如愿，其实一切也不全是白费。因为纵然没有一个好的结果，但这个准备的过程，它就是一种修学储能的过程。一个有内涵的人就是在这样的积累中一步又一步成就自己的。

电话那头的她似乎渐渐平息了情绪，也有了一些回应。她坦言，这两年的她更自信了，处理事情的能力更强了，也更乐于与人打交道。

是啊，其实世间很多事都是如此，即使得不到想要的结果，也能学到一些意想不到的或者意料之中的东西。

就算是一场失恋也能教会人成长。这让我想起了前几个周末到一个初中好友家蹭饭。房内布置得非常温馨，养了一些花草，书房的一侧还摆放着一架钢琴。在我的请求下，她随手给我弹奏了一曲《送别》，很舒心。

现在的她一有空就会练练书法，周末去健身房放松，平常有时间也会去瑜伽班报个到，生活过得很充实。

这和我印象中的她实在太不一样了，以前的她是一个大大咧咧的女孩，对这些文艺的东西毫无兴趣，甚至还认为太浪费时间，可如今却甘之如饴。

后来我才知道，她的男朋友因为另一个女孩和她分手了，因为两人在一起的生活太过单调和乏味。自从之后，好友便下定决心丰富自己的生活，让自己成为一个有趣的人。当她开始接触到这些东西之后，发现这些东西很有吸引力，陷入其中无法自拔，久而久之也就成了一种习惯。

眼前的这个她像一个小女孩般地阳光、自信，散发着一种不一样的魅力。那一瞬间，我竟觉得自己一无是处了。我想失恋给予了她一段苦涩的回忆，但成全了一个更好的她。这种得不到，也让她学会了如何更好地爱自己。

而有时得到了，并非也就是学到了。

得到了一个良师，以为有人护着，便少了一份自我钻研的心，凡事等着师父替你出谋划策，反正有大事的时候，师父为你保驾护航，你只须冲锋陷阵即可。等有一天，让你真正独挑大梁的时候，你发现没有了师父把握方向，你连门把都摸不到，更别提进门了。这样的你也便成了师父羽翼下的"幼崽"，真正学到的本事并非有多少。

得到了一套期待已久的珍藏版书籍，拿回家便将其束之高阁，反正这套书已经属于自己了，何时翻阅都是自己的自由。若是这书只能在图书馆借阅，你可能会挤出几个周末的空闲，携带着笔记本把它读完，因为这书属于自己的时间有限。

得不到，便会想着法得到；得到了，反而不会珍惜。愿你既得到所想，亦能真正学有所成。

压力让你恐慌，但你必须镇定

在喧闹的世界中，存在着竞争和挥之不去的压力。每前进一步，都有各种压力相伴，但你要习惯。

我们都渴望优秀，首先要有抗压的能力，这考验着我们的大脑，我们顾不上去相信各种各样的流言，只有沿着自己选择的路，前行。

小军姐从北京地质大学毕业之后，由于在学校的专业能力及活动组织能力出色，她已经为自己在北京铺好了较好的人脉，所以一毕业就有公司向她抛出了橄榄枝。按道理，能一毕业就在北京一家不错的公司任职，这已经让人羡慕了。

但小军姐选择了回家乡长沙创业。对她来说，工作并非仅仅是养家糊口，也需要承载着自己的梦想。而她的梦想是有一家由她自己设计作品的珠宝店。在父母的支持及自己的创业贷款下，小军姐有了自己的第一家店。但因为选址及知名度小等原因，客源少成了珠宝店发展的最大阻碍。

店一再亏空，小军姐听到的质疑声也越来越多。

"谁会来买毫无名气的珠宝呢？"

"当时还不如留在北京找一份稳定的工作。"

"你爸妈积攒的这些钱全投在店里了吧？"

……

小军姐的心里并不是没有挣扎，但她相信自己的专业，也相信自己的坚持。不过当下面临着质疑，面临着店铺可能倒闭的现状，她顶着非常大的压力。她需要一个改变让所有人看到这个店继续下去的希望。

她做的第一件事，是飞去广州和已经有十几年珠宝店经验的表姐夫进行探讨。回来之后，她集中精力设计了一些独具特色的作品，并通过朋友圈的影响力扩散。然后，对长沙各个商业点进行蹲点记录……

在这些举措之后，小军姐的珠宝店居然有了新的起色。一个客源带动另一个客源，如今已经成为长沙商业中心一个稳定的珠宝店面。

小军姐说，店在暗淡时期确实给了她一些压力，不过这些压力反而让她去反思存在的问题以及如何去解决这样一些问题。

确实，压力是无处不在的。怎样面对压力和化解压力就是一种智慧了。

每年高考对考生来说，都是背负着千斤重担过独木桥。在考前的集训中，有一些孩子可能就扛不住魔鬼式的训练先"缴械投降"，听天由命了；甚至有些孩子在高考结束之后承受不住成绩差的后果，而选择结束生命。

其实只要他们顶住压力走过了这一关，他们就能拥抱一段全新的生活，人生也会进入另一个阶段；即使这一关没有走好，但人生的路并不会由此就决定了。面对压力，我们的心态往往会起决定性的作用。

工作之后，我们都身处竞争当中，有时候一个不经意的疏忽就会导致所有的努力前功尽弃。在这样一种形式下，我们战战兢兢，如履薄冰，我们加班加点，我们时刻也不能松懈。在这种高压的工作状态下，很多人并没有为自己找到一个有效的出口，导致自己的心理状况出现问题。或者是长期处于这种状态下，人对于一份工作就会失去原有的兴趣，容易产生疲倦感。

如果能在高压状态下适当宣泄，如写一写、唱一唱或者来一次散心转移一些注意力，有的时候只需一次适当的放松，就会把这种压力转换成动力。

读书的时候，我们认为工作了就可以轻松；刚开始工作了，我们觉得工作经验足了就没有压力；过了中年的时候，我们认为能好好享受生活了……

每个阶段，人的压力是不同的。我们要做的不是逃避压力，而是与压力相处。

自然界也有自然界的生存法则，食物链的生存法则让所有的动植物都要守住自己的领域。在非洲草原上，狮子和羚羊的奔跑就是一场适者生存的压力之战。落后的羚羊注定会成为狮子的口中之物，落后的狮子注定要饿肚子。所以，在狮子和羚羊还是孩子的时候，它们的父母就会教育它们，必须跑快一点儿，再跑快一点儿，只有这样才能活下去。

不管是自然界，还是我们人类所生存的社会，压力是如影随形的。狮子没有应对住压力，它就会饿死；羚羊没有应对住压力，它就会被吃掉。而我们没有扛住压力，可能就是得过且过地过着每一天，昨天、今天、明天是同一个颜色。

给自己一些时间去思考，自己想要什么，能要什么。压力并不是坏事，在压力下我们需要一种"采菊东篱下，悠然见南山"的心态，才能更淡然。

唯一不被消磨的，是强大的内心

当你有了不被消磨的精神，你就有了强大的内心。

现在很多朋友对影视作品中演员的演技特别看重。的确如此，但看到一个内心强大的人的时候，他表现出的那种淡然、无所畏惧，让人肃然起敬，如果是演技不纯熟的人，很难演出那种效果，会让人失望。

无论何时，强大的内心都是充满力量的。

我是《朗读者》的超级粉丝，几乎每期节目都会追，有时甚至会看几遍。前段时间，航天员邓清明的故事让我这个很久没有流泪的人哭到不能自已。

在过去的 13 年间，我国有数名航天员 6 次到达太空。他们在太空完成了数百项的试验，留下的不仅是中国人的足迹，更是中国人的智慧、勇敢与不断进取的心。而邓清明却是一个"超级备份"航天员,他是目前航天员大队唯一没有执行过飞天任务、仍在训练的首批现役航天员。

"20年来,我三次入选任务梯队,三次与飞天失之交臂。为了做飞天准备,我感到过枯燥,也烦过、累过,但没有放弃过。无论'主份'还是'备份',都是航天员的本分。"这是一个52岁的航天员从心底发出的声音。

当主持人董卿问他:"你今年已经52岁了,航天员大队也在不断地吸纳新生力量,更年轻的航天员也在成长起来,您怎么还能够和他们竞争呢?"这是一个非常现实的问题,邓清明的眼中似乎有泪:"对一个老兵来讲,更多的是要坚持,要调整好心态,《道德经》里有一句话叫'飘风不终朝,骤雨不终日',就是多大的风不可能刮一个早上,多大的雨不可能下一天,风雨过后肯定是彩虹。"

这一段对话让我彻底泪目,星空很远,梦想很近,但这一路是几十年的坚持,而明知触手可及的梦想可能终身无缘,他依然在做着最好的准备。这背后需要顶着多大的压力,有多么强大的内心!

听了他的故事,我特意去查了航天员训练的相关资料。要成为一名航天员,飞行时间要累计600个小时以上、且要具有在3种以上气象条件下飞行的能力,这都是硬性条件;他们的理论课程是58门,随便抽出一本书,如《载人航天工程基础》,16开,厚600页。除了理论,还有很多大家无法想象的各种极限训练:离心机训练、寂静与孤独训练、失重训练、前庭功能训练等。

这 20 年间，邓清明为具备备选航天员的资格需要每时每刻都有入选的状态。那就意味着，这 20 年他一直保持着飞行的状态，进行体能的训练，坚持着航天知识的学习。那就意味着，他必须极其自律地生活。而当"神九""神十""神十一"与他擦肩而过的时候，就意味着他还需要承受失去梦想的滋味。

20 年的追梦，年近半百的不放弃，足以让所有人感动，但他的梦想却可能依然无法实现。这一份"为航天事业奋斗终生"的誓言，邓清明用了他一生的信念来践行。

一辈子只坚持一件有意义的事，他已然成了我们心中的超级航天英雄。

他能克服重重的阻碍是源于他自己心底那份强烈的"我想要"的欲望。我们的一生如果能有这样一份执着、这样一份意志，那么我们每个人都可能书写自己的人生传奇。这种意志力的力量也不可小觑，拥有了它，你才会有坚持的动力。

小时候看《射雕英雄传》的时候，老觉得郭靖像一个傻子。长大了再回过头去看，才发现他的身上有很多闪光的东西。郭靖确实不是一个聪明的人，做什么事都比别人慢一拍，但他身上有一股拧劲——只要他想做的事，无论多难，他都会克服一切去做。他的学武生涯，七位师父轮番教授，十几年下来竟然只学得一点皮毛，但他能每天半夜一个人爬到恐怖漆黑的荒山之顶练功。后来能够练成一箭双雕的本领，也与这种坚持脱不开关系。如果换成其他人，估计会因为自己的天资愚钝而放弃了，而他偏偏就这么练下来了。"笨功夫"背后考验的正是一个人的意志力，有了这种意志力，没有人能把他打垮。

可惜的是，如今的社会，很多年轻人选择的是投机取巧。稍微有一点困难的事情就轻而易举地放弃，似乎放弃也影响不了多大的事，只要自己过得舒坦就行，但也注定了他的一生是碌碌无为的一生。

人的这一生能成功固然重要，但成功并不会垂青于每一个人，首要的一点就是你要有能力掌控自己的人生。掌控自己的人生就必须借助能克服懒惰而不停追求进步的意志力，否则就会让自己消沉。无论你是聪明还是笨拙，你需要做的就是找到一件能够让自己下定决心并为之努力奋斗的事，然后挖掘出我们的意志力来激发出行动的力量。

多年以后，你也会成为自己的超级英雄。

无论如何窘迫，留一份自尊给自己

很多人都有过窘迫的时候，我的朋友们聚在一起也常谈到这个话题。

"即使困难到吃不上饭的地步，你们还是守住了自尊，了不起！"我说。

"没这么夸张吧，即使再困难，也不能丧失该有的尊严，不去做不该做的事情，我们都是好人啊！"

与骄傲无关，这是一种自尊，一种对自己人格的认可，也是一种努力、一种坚持。我们大多数人都没有机会当英雄，但自尊不可少。

在苦难的日子里，保持一种风度。

"人不可有傲气，但不可无傲骨"，每次读到这句话的时候，我总是热血沸腾，它也成了我青春时代的座右铭。一直以来，我都坚信，人这一生活的是一份尊严，活的是一种傲骨，这样的人生才值得自己以及他人尊重。

所以，从小到大，我都特别喜欢课本中那些有傲骨的人物。

"人生自古谁无死，留取丹心照汗青"，文天祥在国家危难之际挺身而出，即使事败被俘，心依然忠于自己的国家和民族，这是一种宁死不屈的民族气节,更是他心底坚守的一份为臣为民的尊严;"安能摧眉折腰事权贵,使我不得开心颜",大诗人李白在权贵面前毫无惧色,既不以身谄媚,也不巧言令色,这是一种不屈于荣华富贵的君子气度,更是他心底坚守的一份渴望自由的傲骨。

可能是天生骨子里的倔强,也可能是从小受这些人物的影响,我一直认为自己也是一个自尊心较强的女孩,不屈就于自己不敢苟同的事,更不肯轻易低头。

这么多年来,对于任何一场比赛,我一定会全力以赴,尽力到自己无力可用为止,这是对比赛最起码的尊重,也是对自己的一份责任。

可曾经有人为了力保同一竞技场上的一个女孩进入决赛,不仅请同一赛场的选手吃饭并且送了厚礼,而且请领导出面说服我们以陪赛者的身份参加。可是,凭什么?饭可以不吃,礼可以不收,领导无理的要求可以不接受,但我必须要争取我自己的机会,虽然我知道她既然能打通这一层关系,也定能打通评委这一层。

但我当时的想法是,即使最终结果不能入围,也要让所有的观众看清楚我的实力如何,这样暗箱操作的方法我不认同,这样让我平白牺牲的方式我更不接受。

事实的结果确实是我输了,我也清楚这是一种社会的潜规则,但我从不后悔那次的选择。若是迫于领导的压力,迫于一顿饭的诱惑,就这么轻易把自己给卖了,这是不是太有违自己做人做事的原则了?那些人其实也会在心底里看不起你吧!既然结果已经注定，何不为自己怒放一次呢！

　　属于我的东西，我就要靠真本事得到，这就是最基本的自尊心。而如果是我得不到的东西，我也会适当地放手，保留最后一份尊严。

　　刚毕业的时候，我的工作并不稳定，但我的男朋友却有一份在他人看起来不错的工作，高薪并且有上升的空间。在他初次带我回他老家的时候，我能感受到他家里人对我工作的不满意。在席间，他们不断地提起男朋友工作的优越性，并且说希望能找到一个工作稳定的女孩，能在事业上给他提供一份帮助，然后像查户口一般向我问了层出不穷的问题。说如果我能稳定并助他一臂之力，那我就是那个女孩；若我持续目前的这种状态，那么他们家就会另选儿媳。我听得明白他们的每一句话，也相信自己的努力和实力能为自己谋得一份好的工作。但我并不想在席间表现出我的态度，因为我不喜欢他们的势利。

　　虽然男朋友不停地给我打圆场，并向长辈们表示我正在为这样一份工作而努力着，但似乎他们并不能等太久的时间。后来我才知道，原来他们已经为自己家的儿子物色到了一个同单位的领导的亲戚。

　　在这次会面之后不久，双方家庭就安排了他们的相亲会。男友不断向我解释他是迫于家庭的压力，只是去完成一个形式上的任务，会以没有眼缘为由拒绝那个女孩。但是于我而言，我们的关系已经不对等了。

　　我选择放他走，让他去追求他的事业；而我也选择放自己走，来追求自己心中那份平等的幸福。如今的我拥有自己喜欢的事业，也有一份稳定的感情，最重要的是在这份感情里，我不需要依附于谁，也不用看谁的脸色。

在爱情面前没有了自我的人多数是女孩子。失去了一份感情，仿佛那片天就塌了下来，因为习惯了对方的存在和照顾，于是苦苦哀求对方留下。而我，并不想让自己以一种可怜兮兮的姿态来挽留一份让自己失去自尊的感情。值得的爱情，我奋力去爱与守护；不值得的感情，就应该洒脱地给自己留一份体面。

至于自己的方式是否是正确的方式，各人有各人的观点。但这样的方式让我始终保留着一种自己的姿态，如今的我依然认为生活是美好的，依然能以一种平和的心态对待我想爱的人，这也就足够了！

在爱情里留有一份自尊不至于失去自我，而在金钱面前留有一份自尊则不会让人失去原则，在权势面前留有一份自尊会赢得他人的青眼相看。自尊心的保有，是一份自重，也会赢得他人敬重。

但有人认为，过度自尊是一种自卑，必定会有其弊端。所以，这个度需要你自己去把握。既不能活得像一棵墙头草般毫无自己的主见，也不能一味地为满足自尊心而固执于一些错误的偏见，一切刚刚好就足矣。

如果看到希望，就不会绝望

当你的眼中还有希望的光，你就没有丧失勇气。

我见过没有希望的人，一蹶不振，生活仿佛没有阳光，脾气变得很暴躁，从来不会主动去做点什么，生活忙碌在基本需求之间，无奈地苟活着。

如果生活的每一天都是苦难，我们一定不会对人生抱有任何期待。但是有了美好，一切都变得不一样。美好让我们享受生活，让我们幻想未来。自然界的一景一物是美好，生活中的一餐一饭是美好，人与人之间的和谐亲密是美好。

而人的一生还有一样最美好的东西，即希望与灵感。有了希望，我们才能勇敢地走向未来；有了灵感，我们的生活才有了新鲜感。若要论这两者的源泉，我认为是梦想。有了梦想，我们才能充满着希望，在某一瞬间获得新生的灵感。

妍妍一出生就有先天的缺陷，右脚只能跛着走路，眼睛有一定的斜视，口齿表达也不清晰，这对一个家庭来说是一种巨大的不幸。不管他们是不是能承受这个事实，既然这个生命已经存在，那就只能让她平安地成长下去。

妍妍的母亲原本想让孩子去残疾人学校读书，但是她的父亲坚持让她接受正常的教育模式，父亲认为在正常孩子的氛围内，她能接触到更多不一样的东西。

学校没有理由拒绝这样一个孩子，妍妍如愿入学了。

最开始，因为她身体的特殊性，大家都愿意去照顾她并主动关心她。但是时间一久，孩子们就失去了耐心。倒不是说去欺负她之类的，而是在玩游戏的时候可能不会叫她，课上讨论的时候可能不会听她把话讲完整，体育团体活动的时候也会让她在一旁休息。因为她走路需要人扶，一句话需要讲很久的时间。

慢慢地，妍妍就只能一个人坐在座位上发呆或者看着身边的同学嬉闹。

面对这样的情况，妍妍的母亲有一些担心，她怕孩子在这样的情况下再有个自闭症就难以再治疗了。于是，她给妍妍准备了一些画笔和画纸，叮嘱她只要想画的时候随时可以画。老师们也清楚妍妍的情况，所以无论是什么课，他们都不会干涉妍妍的行为，甚至会在妍妍画画的时候给予她一个会心的微笑。

在某堂美术课上，美术老师偶然发现妍妍画的画很特别，更像是通过连环画在讲述一个故事或者是说明一个道理。她尝试着把这些画带到其他班级的课堂进行分享。语文老师听说这件事情之后，在妍妍的画中选择了一幅作为语文小考的作文题目。这下，妍妍就成了班级的"风云人物"。

虽然妍妍依然不能参加同学们的游戏，体育活动的时候依然只能坐在场地边看着大家愉快地玩乐，但是她的笑容越来越多了，心里似乎有了某种寄托。

六年级的时候，妍妍的绘画作品被寄到少年宫参加了全国少儿绘画比赛，最终获得了金奖的好成绩。

在毕业晚会上，妍妍在台上和所有的毕业生一起分享了毕业感言。虽然她一字一顿，但此刻，所有的人愿意等待和尊重属于她的这个时间。

"我在心里有怨过我爸爸把我送到正常孩子的学校，因为我把自己当成是一个不正常的孩子。如果在残疾人学校，我应该可以交到更多的朋友，毕竟我们都是一样的人。到这儿来的第一年，我一点儿也不开心，我找不到真正的朋友。但是后来，我开始画画了。我的画就是我的朋友，我能把我的想法都画在画里。我要谢谢老师让更多的同学认识了我的画，如今我的画获奖了。以后读初中了，我也要继续画下去。我的画就是我的梦想，我希望能成为一名画家。"

不知道为了这一段话，她在家里练习了多少遍，反正她把在场的人感动得一塌糊涂，同时也感动了她自己。原本可能会在孤独中度过童年的她，却偶然地发现了画画的爱好而照亮了她的整个童年，并且也会沿着她的未来一路照下去。

这个偶然的发现也成了她的梦想，有了这个梦想，她对她的未来充满了希望，并且有了支撑她走下去的信念。可以说，她的人生得到了重生，因为她找到了她自己。

而有的时候，希望与灵感的源泉或许不是梦想，而是梦想的近义词——目标。

一个在沙漠中行走的人，当他看不到水源，也看不到行人的时候，他就只剩下了他自己，能够支撑他走下去的是走出荒漠存活下去的目标。

曾经有一个故事讲的是军队在沙漠行军，水源断绝。战士们都饥渴万分，行军的首领在战士们几近崩溃的时候告诉他们前面有一片梅林。每走一段，就提醒他们梅林就在前方，就这样坚持了一段又一段路。靠着这片梅林的支撑，他们最终走出了沙漠，而那片梅林却始终没有出现。因为这梅林是首领想象出来的希望之地，但是有了这个目标，大家才能继续走下去。否则，早没有了坚持的动力。

一个人要怀着对生活的希望，永远保持着一份灵感，梦想与目标是必须的依托。失去了这两样宝贵的东西，人生也就没有什么奔头了。一旦没有了前进的方向，这日子基本也就一眼看到头了。

你的生活中始终得保持着一些希望，才能继续前行。

Part 4

受得住沉默，耐得住寂寞

　　人生是一种修行，我们都在喧闹的世界中独善其身。当远离了属于自己温暖的家，我们又渴望温情，因为我们是情感的载体。世界也许待我们很薄，不愿意给张好脸，但我们还得坚持。人生从来都是一个人的，即使现在一片鼎沸，也还是要一个人走。寂寞，是努力的过程，也是考量的过程。

优秀的人，都有一段沉默时光

很早之前，我就明白一个道理，成功总是很曲折，不是一蹴而就的。懂得这个，很多事情都会看得很客观，也很通透。

周围朋友有了困惑，都会来找我谈心，我也跟他们说着同样的道理。

给到达终点一段时间，这段时间努力就好。

2010年，天后王菲在春晚的舞台上翻唱了一首《传奇》，一夜之间，这首歌走进了万千听众的世界。与这首歌一起家喻户晓的还有它的创作人——李健。

李健，是H的终极偶像。H爱上李健，是缘于他的一档节目《开讲啦》。

在节目中，李健用一段演讲讲述了他自己的人生故事。

从清华大学的无线电专业毕业后，李健进入国家广电总局工作。原本天之骄子的他却发现自己从事的工作与自己的专业毫无关系，这种无力感让他感到苦闷。在工作中找不到成就感的他转而在爱好中寻找出路，他把自己沉浸在音乐和书籍中。这样的日子持续了一段时间，后来，大学时候的好友卢庚戌找到了他，也就有了后来的水木年华组合。

这对新人组合凭借着他们干净的声音和对梦想的执着，一时间红遍大江南北。然而，成名之后的他们在音乐理念上渐渐有了分歧，在最巅峰的时刻，李健选择了从组合中退出，他开始寻找他心中的音乐之声。

2003年，李健创作了《传奇》这首歌曲。然而直到2010年，通过王菲的翻唱才让这首歌、让李健这个人走进大众的视野，人们才重新忆起这个水木年华曾经的成员。

这一沉寂就是10年的时光。

10年之后的李健褪去了水木年华时的青涩，站在《开讲啦》舞台中的他侃侃而谈，时而严肃，时而幽默，谈笑间尽显个人魅力。

10年之后的李健对音乐有了更多属于自己的理解。2015年，李健站上了湖南卫视《我是歌手》的舞台。聚光灯下，他的声音像一股清泉流进每一个人的心田。音乐起，那个舞台就是一方田园，那个舞台就是这个浮躁社会的一剂清新剂。那一年，他以低吟浅唱获得了《我是歌手》总决赛的亚军，成为这个竞技类节目中的清流。

一时间，"音乐诗人""段子手""男神"等美称席卷而来。

10年，最美好的年华，最能成名的阶段，他的选择是沉寂。透过镜头，在他的家中收藏着各种卡带、各种经典的书籍，他如数家珍。透过镜头，是他在世界各个角落寻觅的足迹，是他用文字、用镜头记录的珍贵的灵感……这就是他的10年。

李健说："时间为你证明。"

的确，所有的沉寂都是厚积薄发。时间证明了他的才华，时间证明了他的选择，时间证明了成名未必要趁早，时间证明了静下心的沉淀也能拥有丰富的人生。

自从爱上李健之后，H便会搜罗他的各种访谈和节目。她说，李健教给她的就是在名与利之间懂得如何守住自己。真正优秀的人会在浮躁的社会中选择属于自己的时光。

在工作中，我们无法选择环境。有时候，同事相约一起K歌，相约各种聚会。如果不参与，同事便会觉得你另类，如果参与的次数多了，属于自己的时间也便少了；有时候，你埋下头卖力地工作，别人轻轻松松获得了同样的报酬，你的心里也会有不平衡感；有时候你取得了某些成就，赢得的并不是掌声而是猜疑与非议……这些时刻，你该怎么选择？这种矛盾曾让H非常困扰，她担心自己的状态会让自己脱离群体，那些冷言冷语让她烦恼不已。

李健给的答案是做自己，H正在学习的也是做自己。

所以，H学会了微笑着拒绝聚会的邀请；学会了在他人拿同样报酬的前提下依然卖力地工作；学会了在猜疑声中领着属于自己的奖项。这一次，她想找到自己的定位，一切为了实现自己的价值。她把这些时间用来给自己充电，充实自己的业务能力。1年的时间，也许她和同伴依然是同样的水平；2年的时间，也许仅仅只能和别人拉开一点距离；可是3年、5年，等她真正做出了自己的特色和品牌，她拥有的便是同伴羡慕的眼光。

当她再次站在公司年会的领奖台上，她真正得到了所有人的认可。

而到了这个时刻，H忽然觉得那些外界的声音对她而言已经不重要了。因为她在这些沉默的日日夜夜中找到了自己,学会了与自己独处。她在一步步提升自己中懂得如何成为更好的自己,更明白了内心的充实就是最大的奖赏。

如今,H追求的不再是外界的肯定,而是自己内心的拥有。那些荣誉不过是她在充实自己之余的附属品。她很感激李健教会了她如何在沉默的时光中成为优秀的自己,她更感谢自己在浮躁的大环境下学会了沉淀。

对那些真正优秀的人而言,那些名和利是看似的成功,可能在一瞬间便会烟消云散,只有真正的实力才能赢得长久的发展。如果你想跑赢人生这场马拉松,就请问问自己,你能否在沉默的岁月中积淀自己?

趁着你的命运仍能掌握在你的手中,让自己在时光中成为一个真正有内涵的个体。那时,你站在任何地方,都是一道散发着独特魅力的风景。

得到太快,也是一种负累

如果一个人总是得到,那永远也学不会承受失去的痛苦,甚至连没有得到也看做是人间悲剧,我时常建议家长对孩子不要有求必应,就缘自这里。

听一个家长说一个孩子的故事,非常受宠爱,只要他一哭,基本上就能得到自己想要的，结果孩子长大之后，也错误地认为只要自己想要的，做出一些举动，这个世界便会给予。

想起罗振宇说的："我们大多数人都有'巨婴症'，以自己的主观来看待这个世界。"我想说，如果不被拒绝，始终难以成熟；如果得到太快，终究难以长大。

Z家中有五个兄弟姐妹，她是最小的一个。从小到大，只要是她想要的，哥哥姐姐都会无条件地送到她手中。每每遇到困难的时候，无须等她思考，哥哥姐姐就以最快的速度帮她解决。每当她受委屈了，哥哥姐姐会想办法把她各种怨气全部消灭掉。她的成长之路就是一路顺遂，可谓幸福得"一塌糊涂"。她曾以为自己是最幸运的人，因为她拥有着一切想要的爱。后来，哥哥姐姐逐渐有了自己的家庭，他们更多的时间和精力在爱人和孩子身上。Z逐渐感受到了被"冷落"的滋味，在遇到事情的时候，她开始需要自己来面对。

有一次，Z与房东发生冲突。一气之下，Z把房子退了，并要求房东退还房租。房东以Z单方面违约，将Z的行李全数搬出了家并换了门锁。Z拿着行李在马路边哭了很久。她没有遇到过类似的情况，不懂如何解决。还有一次，Z在过人行道的时候被车刮到，司机把她载到医院后便扬长而去。她竟然连司机的基本信息都不曾保留。

在经历过种种事件之后，Z发现在哥哥姐姐的羽翼之下，她就是一个"巨婴"。从小到大，她享受着各种爱，轻而易举地面对生活中的各种琐事。而当失去哥哥姐姐的庇护的时候，在生活面前她显然无所适从。如今，那些爱反而成了她应对生活的阻碍。和同龄人相比，她显得那么不成熟、不理性，不懂生活的分寸感。这让Z陷入了深深的苦恼中。

望着同龄人轻而易举就能把事情处理得滴水不漏，Z想：如果能重新选择，她宁愿从小少一些伸手就能拥有的爱；她宁愿能自己面对一些磨难，尽管可能会被挫伤；她宁可自己付出更多，也要学会怎样去爱……至少，不会让她在20多岁的年龄才重新学习爱、学习与生活如何相处、学习如何适应社会。

这样的得到，如今对她而言，又何尝不是一种负累呢？

我们每一个人都渴望得到，得到就是一种拥有，拥有就是一种幸福。殊不知，得到太快，拥有太多，有时也是一种负担。

在爱情中一味地得到，可能会让你失去自我，成为依赖对方的附属品。我们身边应该不乏这样的例子，原本独立自主的女孩遇见了"真命天子"之后，因为对方的宠溺一步一步陷入爱情的旋涡。从最开始一点小事的依赖到最后全身心的依赖，原来可以自己做主的事情慢慢需要得到对方的肯定才能下定决心。得到了无微不至的爱，却也可能失去了自我。

在工作中，一味地得到，可能会把自己困在盲目忙碌的怪圈中。你身边是否有一类人为了追求业绩而不顾一切地去争取，或许以一种快速的方式取得了想要的成果，但从此陷入了一种不得不继续向前的加速度中，这种快感让他喘不过气却又停不下来。

"欲戴皇冠，必承其重"，每个人在成长的过程中都有自己必须经历的磨难，必须独自面对的选择，这是磨炼自我心性的过程。轻易地得到，也就是轻易地错过。曾读过这样一个故事，大意写的是一个圆环失去了一个部件，所以它比其他圆环滚动得更缓慢。但也正是这样，它能一边滚动着，一边欣赏着一路开放的鲜花，能和太阳说话，和蝴蝶吟唱，它经历了很多从来没有经历的事情。而在以前，当它还是一个完整的圆环的时候，它通常是一路滚过去的，并没有机会交朋友，也没有时间欣赏一路的美景，一切都是瞬间即逝。

得到可能会错过风景，而失去也可能会让你走向另一个精彩的人生。

正如泰戈尔所言："当你为错过太阳而哭泣时候，你也要再错过群星了。"所以，当你拥有很多的时候，无须沾沾自喜；当你失去的时候，也无须自怨自艾。得到与失去本就是福祸相依。

人生需要适当的减法才能轻松上路。愿我们都能在生活的激流中寻找到合适的平衡点。我们想要的太多，又想要跑得很快，这估计是一件难以满足的事情。

在寂寞的时候，读懂自己

写这个稿子的时候，我特意选在深夜来做，让自己能够有一个独处的空间，更好地认识自己。而在以前，我有时候甚至害怕这种独处，因为会感到莫名的伤感，一个人的世界，仿佛没有了明天。

听一个朋友说过千万不要选择在下午睡觉，因为一觉醒来，发现天黑了，有一种被世界抛弃的感觉，这是一种孤单，更是一种寂寞。

寂寞，或许是一个我们并不欣赏的词语。它代表着孤独，代表着一个孤寂的世界。但是，寂寞却是每一个人真正读懂自己所必需的。

寂寞的时候，一切是属于我们自己的。我能高歌一曲，也能低吟浅唱；我能在厨房展现女性的贤惠，也能在健身房释放自我；我能和一本书对话，也能在一部电影中欢笑泪流……这些时间完完全全属于我，这些情绪完完全全属于我。

你不必介怀自己是浓妆还是淡抹，也无须在意是高跟还是平底，更不必假装欢笑或者逢迎，你所需的就是真实的自己。

或许你还可以拿出一张纸或一台笔记本，在许久未曾开启的信笺中写下那些过去岁月中的心情故事，也能对未来怀揣着一些希冀。

这种寂寞感，如果你能享受其中，或许，你的人生能从此拥有不同的轨迹。

如果你听过杨绛先生的寂寞人生与自我定位，你就更能懂得寂寞是一种怎样的境界。

"我和谁都不争，和谁争我都不屑；我爱大自然，其次就是艺术；我双手烤着生命之火取暖；火萎了，我也准备走了。"这是她化用兰德的诗对自己人生的定位。

她用自己的一生真正在践行自己的心语。她把自己的一生都给了文学。她精通英语、法语、西班牙语，翻译的《堂吉诃德》被公认为最优秀的翻译佳作；创作的剧本《称心如意》被搬上舞台长达60多年；散文随笔《我们仨》再版达100多万册；晚年出版了250万字的《杨绛文集》8卷。

但是这些耀眼的成就并没有扰乱她的内心，在100岁那年，杨绛先生在《坐在人生边上杨绛先生百岁答问》一书中写道："我今年100岁，已经走到了人生的边缘，我无法确知自己还能往前走多远，寿命是不由自主的，但我很清楚我快'回家'了。我得洗净这100年沾染的污秽回家。我没有'登泰山而小天下'之感，只在自己的小天地里过平静的生活。"

这是一种怎样超脱的境界，无名无利活到老却活得很自在。2016年5月25日，杨绛先生走了，但她留给世界的远不止那些具有文学意义的作品，还有一种在这喧嚣的世界里真正与自己相处的大格局。在这个喧嚣的世界，能静下心真正做学问并且做出了学问，她是真正能担当"先生"这个称号的人。

著名作家麦家先生曾言："无名前，要守得住寂寞；成名后，要守得住名利的诱惑。"这是一种怎样通透的活法，杨绛先生做到了。

像先生这样的人，越来越少；向先生学习这种心态的人，越来越少。

如今更多的人，选择与手机相伴，仿佛手机已经成了身体的一部分。每天的生活也是睡前先看一眼手机，醒来先摸手机，离开手机一会儿便会觉得不踏实。要是有闲下来的时间，便会反复刷着朋友圈、微博，直到新流行的抖音。这种信息化的、网络化的东西已经充斥着每一个人的生活，好不容易有的独处时间，最终也交给了手机，更别提静下心与自己对话了。古语所言的"吾日三省吾身"在如今这个信息爆炸的世界，反而是可笑之谈了。而刷了一整夜的手机，其实内心空空如也，时光就这样白白浪费了。

你有没有曾试过用刷手机的时间来读一读书？
你有没有曾试过用逛淘宝的时间来反省自己？
你有没有曾用那些不必要的聚会时间来充实自己的专业？

真正爱自己的人会在这些看似闲暇的时间中认清楚自己所走的路。

王国维曾言："古之成大事业、大学问者，无不经过三种境界：昨夜西风凋碧树，独上高楼，望尽天涯路，此第一境界也；

衣带渐宽终不悔,为伊消得人憔悴,此第二境界也;蓦然回首,那人却在灯火阑珊处,此第三境界也。"这是在经历过一番深刻的自醒自悟之后最终找寻到了自己。我们无须非得拥有这份彻骨的孤独感,或许就是在某个静谧的夜晚,留给自己一段独自思考的时光,你的人生便会有不一样的状态。

读懂自己,也是对生命的一种认真。

在喧闹的场合,看清旁人

嘈杂的世界,充满了种种,让你感动的,让你愤怒的,友好的,难以相处的……有人说人的眼睛有时会欺骗自己。

是的,我们周围的种种,光用眼睛看,已远远不够。

你有没有过这样的时刻:在工作中,每一个人朝着你微笑,每一个人对你亲昵称呼,每一个人对你嘘寒问暖;在下班后,三五成群或一个小团体相聚吃个夜宵或者来一场K歌,你的身边充满着欢笑。那些时刻,你觉得你的世界并不孤单,你拥有着每一份真切的关怀,你的身边总有人关怀你。可是,这种感觉是真实的吗?

当你一个人想静下来的时候,这些喧闹的人群中有谁能倾听你内心真实的声音?当你生病在床的时候,有谁能不计得失来照顾你?当你在工作中出了麻烦,谁能帮你一起承担?这些时刻你又是否曾感受过？

C在单位工作非常出色，平常每一个人都对她十分赏识。她每天工作都处在甜甜的笑意和蜜语中，她以为她是一个人缘非常不错的人。所以，她享受着这样的生活。直到有一天，C深夜在某个小城镇遇到了一些麻烦，她希望能有人来接她离开那个是非之地。从工作单位到小城镇不过一个小时左右的车程，然而C拿起电话却不知拨给谁。当她顺着电话簿拨给那些平日关系不错的同事时，没有一个人愿意为她奔波这一回。那一刻，她才突然意识到，她不过生活在了一个自己营造的表面的人际圈中。同事之间，只是表面的和平而已。

她刻意地和每一个人相处融洽，试图得到每一个人的肯定和认可，却忘了和真正值得相交的人深交。到头来，不过和每一个人"蜻蜓点水"了一下罢了。

最终，她选择了拨通老同学的电话，对方二话不说，"你发个位置""我半个小时左右到"让她泪流满面。

从那以后，C不再希冀每一个人的热情，对那些甜言蜜语只是一笑而过。她学会了带着一颗真心去寻找，寻找每一个笑脸背后的另一颗真心。慢慢地，她渐渐找到了谁是点头之交，而谁是需要她真心付出的。

那些值得她真心付出的人，她愿意陪着他们打几个小时的点滴，正如他们愿意陪着她加一个又一个的班；她会给他们制造一个个的节日浪漫，正如他们会把每一场好看的话剧的票留给她一样……她一样拥有着一张张灿烂的笑容，不同的是她知道谁会真心听她的每一个故事。

生活在这个"人情"式的社会，我们每个人都戴上了一层面具。我们每一个人都有表面社交的能力，并不是每一种热情都是真诚的。谁可浅交，谁堪深交，这便是你的处世智慧。

也正因为这些基本的处世哲学，所以当你处在荣誉之巅的时候，那些潮水般的掌声和攀附席卷而来的时候，你需要有清醒的头脑，辨明真伪，你方能不迷失在这些虚荣面前。古之帝王往往就是在这些"歌功颂德"中辨析出谁是良臣的。

那我们怎样判断真正的朋友呢？有段时间，家乡的几个发小共同投资了一个饭店。最开始饭店经营得还不错，大家都齐心协力。但到了年底分红的时候，有人却因劳力或家庭困难情况的不同而对分配不满，一哄而散。像这种平时相处甚好却因牵扯到一点利益关系便产生矛盾的朋友，基本就可以选择远离了。还有一些在你面前对你取得的成绩称赞不已，却在背后不停诋毁的具有嫉妒心的人也可以选择屏蔽。类似这样的细节有许多情况，一般都能判断对方是否是你可以长久相处并毫无保留分享的人。

前一段时间在《我是歌手》再度红起来的张韶涵曾经被黑新闻打入谷底。原本星途一片坦荡的她，在那个年代获得了无数人的追捧。但是当负面新闻一出现，她立马成了所有人攻击的对象，真正站在她身边的人寥寥无几。而那几个人如今成了她的挚友。

这个世界是具有迷惑性的，而人是喜欢生活在他人的世界中的。只有看清了别人，保持了自我，才能在这滚滚红尘中活得更洒脱。

不断变好的路上,总是心如止水

变好的过程中,始终都不会太舒服,要减肥就要付出汗水,要前进就要忍受艰辛。我们都渴望好的东西,却总是抱怨付出的辛苦。

要有平常心,当我们把自己的感受看成是一种平常,或许再也没有负面情绪,有的只是等待事情慢慢地开花结果。

但在喧嚣的世界,想要保留心中的一份宁静,实非易事。

萧萧来到单位已经有5年的时间,原本是单位非常器重的年轻员工。她从来不管外界的声音,只专注于自己的本职工作。她清楚自己的目标在什么地方,所以一直非常努力地提升自己的专业水平。也因为这种沉下心来钻研的态度,萧萧的个人成长显而易见。

然而,在她熬着夜赶着方案,加着班做着活动的时候,她也曾羡慕那种下班了就轻轻松松躺在家追剧,或到商场逛逛街、看看电影的生活。

不过,她渴望个人成长的决心最终战胜了这种想法。

前年,单位经历了一次大的人事变动。随着规模的不断扩大,领导层能到一线考察的概率就减少了。缺少了这项直接性的监督,单位内部随波逐流、投机取巧的人越来越多。

每天都有人在她的耳边讨论着谁家有多少套房、谁家公公婆婆有多好、哪家商店的衣服打折、哪个明星和哪个明星分手等办公室喜闻乐见的事情。他们多数都是准点下班，工作能应付则应付，不求表扬，但求不批评。

看着萧萧这么拼，还有人劝她人生最重要的是自己舒服，工作再努力有什么用，还不如找个有钱人嫁了。

起初，萧萧对这些现象还不以为意，从不把这些言论听进心里，也很少参与到他们的讨论中。她依然是埋头于自己的工作，把每件事情做到尽量完美。但在一个办公室待久了或者是听久了，这些东西居然渐渐影响到了她的思想。

慢慢地，她也融入了他们的讨论中，不自觉地开始了吐槽模式。在工作上，她也没有那么有冲劲，做到刚刚好就满意了。

这样的日子持续了一段时间，萧萧发现她想和以前那样静下心来完成一件事居然变得越来越难，她总是无法全心投入要关注的事情上。

原本坚持下去就能走出一条路的她，就这样慢慢斩断了自己的前路。

我想大部分的人在初入职场的时候，都想有一定的成绩。即使不出类拔萃，至少也要能体现自己的价值。可惜的是，在职场的大染缸里一泡，心就沉不下去，目标也抛之脑后了。享受了一时的舒坦，就走不了长远的路了。

如何在一个大环境中守住自我，这便是个人的选择。

若是你羡慕我的自由，我羡慕你的自制；你羡慕我工作充实，我羡慕你轻轻松松；你羡慕我有大把的时间，我羡慕你有丰厚的薪酬。如何找到自己的平衡点？不必在意一时的荣辱，也无须活在对他人的眼光中，因为——

人生是一场长跑，无论身处怎样的环境，你的起点如何，你能到达的终点就是你真正价值的体现。你需要明白的是自己究竟想要什么。

写稿的时候，我倒了一杯热茶。茶叶最先浮在水面，渐渐一根一根往下沉。我望着这些下沉的茶叶愣了神，生活中的这些事物也在表达着人生的哲理。茶叶终究会沉下去，人也终究要沉得下来。

就如同麦子熟的时候，我总会观察一根根麦穗，想看看那些越是饱满的麦穗是不是就把头低得越低，事实证明，大体都是如此。

我想让萧萧明白这样的道理，也想时刻提醒自己保留内心的平静。

在这一点上，我非常钦佩的是一代名臣曾国藩。

曾国藩曾向李鸿章请教过和外国人打交道的方法，毕竟李鸿章是和外国人交际的能手。李鸿章分享他的经验是耍无赖，大痞子腔。这个方法其实很难适应当下的环境，但在当时的那个局势之下，能以无赖取胜也是一种本事。

然而曾国藩却立即否认了李的看法。在他看来，无论是外国人还是中国人，无论是局势动荡还是安稳，都应该遵循一个"诚"

字。他是这样说的,也是这样做的,这个字成了他为人处世的准则。身处乱世或变局之中,他认为以诚相待是最聪明的办法。

"未来不迎,当时不杂,过往不恋。"

这就是他的态度。

在大环境下,能坚守自己的为人处世原则,这是对自我的一种成全。所以,曾国藩能创立湘军,发动洋务运动,成为晚清四大名臣之首,与他在变局中守住自己那颗本应躁动不安的心有紧密的联系。

我们成为不了曾国藩,但他的思想及处世原则值得我们铭记于心,他的境界和大格局也值得我们推广。

其实时下流行的一段话就足以告诉我们如何坚守,"当你的才华还撑不起你的野心的时候,你就应该静下心来学习;当你的能力还驾驭不了你的目标时,你就应该沉下心来历练"。有了这样的态度,在这喧闹的世界,保留心中的一份宁静或许也并没有那么难。

宁静而致远,想来便是如此吧。

承认规律，生命自有自己的出路

如果把生活看成喜剧，你一定是看到了明天，如果把生活想成悲剧，你一定是纠结于昨天。

等待，是一种折磨，但世间很多事情都一样，都需要时间，无论大小，不管是好事还是坏事，事情总有解决的办法，也有内在规律，只是我们有时没想到罢了。

冬去春来，四季轮回；花开花落，周而复始。大千世界，万千事物，皆自有其生长的过程。人，也不例外。

前段时间有一部非常火的印度电影《起跑线》，火到引起了社会对于一个话题的广泛热议——教育。

影片中的男主角拉吉从服装店发家，原本也是那个小地方衣食无忧的富户。但家庭虽富有，也不至于富到可以任意读某所名校。

为了女儿入学，他们的生活发生了彻头彻尾的变化。

为了让自家的孩子能和上流社会的孩子成为同窗，他们先是一家搬至城中心的富人区。在这里，女主角米图举办了高端的聚会来结交上层阶级的家庭，并尝试着请求其他孩子和自己家的孩子一起玩耍。但想融入这个上层阶级圈子并不容易，阶级固化让有优越感的城市家庭对乡下来的孩子有一种疏远感。

而后为了争取进富人区名校的机会，夫妻俩深夜排队领报名表格。后得知，即便有了表格，面试被刷的概率也非常高。于是，他们又尝试着以熟人的关系进入学校，结果也未能成功。夫妻俩干脆选择给孩子聘请了一个入学顾问，这个顾问能把孩子及父母包装成上层阶级的样子，这样至少面试成功的机率更高。

然而这一切都是徒劳，机会总是擦肩而过。

最后，他们选择了一种极端的方式，以装穷来换取名校贫困生名额。所以，他们全家搬至了贫民窟，过着与最困难的穷人没有差异的生活，为了一口水和人争抢，还时刻面临着被感染疾病的风险。

也许是这样的态度终于打动了上天，在贫困生名额随机派位中，夫妻俩的女儿居然被派中了。然而，这也意味着贫民窟的名额被他们以欺骗的方式夺走了。

在贫民窟的其他人发现他们原来是富人的真相后，想去告发他们，却念及他们可爱的女儿而放弃了可能改变命运的机会。拉吉的良心受到了极大的谴责，最终选择向学校坦白。

影片的结局，夫妻俩最终没有选择让女儿进入名校。为了义，为了自由，也为了快乐，他们选择了回归原本的生活，也终于找到了生活的平衡点。

从电影院出来，我的心一直很沉重，尤其是看到他们原本简单而幸福的家庭为了求学之路而过得举步维艰的时候，那种压抑感一下涌入心头。我更心疼的是他们的女儿，原本活泼可爱的一个小萝莉，在成人化的训练和压制下变得越来越沉默，甚至连笑容都消失了。这分明就是一个孩子的童年摧残史啊！

为了让孩子入学名校，将一家人的幸福作为赌注，这并非只出现在电影里。现实生活中，不就是如此吗？做父母的都不想让孩子输在起跑线上，于是将孩子拔高了吸收知识，从幼儿园到小学、初中、高中，甚至还有些不同的早教培训班，巴不得在肚子里就开始上课。这厢培训着孩子，那厢为孩子挤破脑袋选择好的学校，也不管在这样的尖子班孩子能否跟得上学习进度，也不想想孩子在这样的竞争氛围下是否乐于学习。

孩子无忧无虑的童年蒙上了一层功利的阴影。

若是这样就能让孩子有好的起点倒另说，但这样的做法真的就让孩子赢在起跑线了吗？

曾经在心理学的课本上读到，每个儿童的思维发展有其规律，像一般运算学习都是从动作感知到前运算，再到具体运算，最后是形式运算，这是一个不可逆的过程，前后顺序是不变的。同样，儿童的智力发展也有不同的关键期，并存在智力发展的个体差异。

若是逆着儿童思维和智力发展的规律，或者忽视每个孩子智力上存在的差异性，那扼杀的就是孩子独特的发展个性了。

有资料显示，迄今为止所有的诺贝尔奖得主，德国裔占了半壁江山。那他们是否就比其他家长更早地让孩子起跑，让孩子从小树立起竞争的意识呢？

事实可能出乎你的意料，从我所了解的而言，在德国的宪法中，明确指出不能有"学前教育"。人家直接通过法律来禁止对孩子的智力过早开发。其中一个缘由便是过早让孩子们接触技术型教育，会让大脑固化，从而缺少想象的空间。

所以，我们到底是在让我们的孩子拥有更好的未来，还是扼杀了孩子未来的更多可能呢？这是一个值得深思的问题。

说到底，凡是适合自己的，才是最好的，尊重其发展规律即可。不然就成了《揠苗助长》中所描写的："天下之不助苗长者寡矣。以为无益而舍之者，不耘苗者也；助之长者，揠苗者也。非徒无益，而又害之。"

如果不知所措，不如等待一下吧。

无助的日子，不要放弃希望

一个心理咨询师朋友笑着问我，你最困难的时候，是怎样过来的？

"大多数时间在睡觉，啥都不想。"

他笑着说，你的情绪调节能力很强，我笑了，并不是我懂得去调节，而是我在等待明天看会不会有奇迹。我的内心从来没有真正绝望过，并不需要太多的调节，因为我的内心总有希望。

在你的最难熬的日子里，你是怎样度过的呢？无论怎样，千万不要放任自流，只要内心充满希望，就能挺过来。

人的一生就如同登山，有时上坡，有时下坡，能登上山顶望到最远的风景，也会在山谷彷徨。只有从山谷中走出来，才有机会登上山峰。可见，人这一生注定有辉煌，也有落寞。只有经得起落寞的人，才能找到走向辉煌的路。

最重要的是在落寞的时候，你不能忘了前进的方向。

萱萱是我的高中同学，她和老公毕业之后先是从事销售工作，业绩慢慢上升之后，两人就开始独立创业。创业之初，也是比较艰难。两人租住一个小的单间，经常外出跑业务，受到了各种质疑和刁难。但两个人的目标一致，至少有人陪着奋斗也是一种动力。所以，两年之后，他们的公司有了些许起色。

我还曾见萱萱在朋友圈分享两人的创业历程，并坚信这条路会越走越好。

然而，明天和意外哪一个先来呢？对萱萱他们而言，意外比明天来得更快。

在某次探亲回C城的路上，萱萱的老公驾车与另一辆车相撞。两人都受了重伤，萱萱的腿动了大手术，不能自由行走。这个变故对创业刚有起色的小两口来说，无疑是一个重大的打击。

两人都出生在偏远的农村，他俩就是两个家庭的主要经济支柱。这下不仅在很长一段时间内两个家庭断了经济来源，并且还要把老本也搭进去，更让人灰心的是刚刚起步的创业势头就这样被扼杀了。过年回老家的时候，村里人还曾以他们自己创办公司把他俩当成是村里的骄傲呢！

但是日子总得过下去。小两口把在农村的母亲接过来照顾他们的饮食起居，慢慢调理身体。萱萱和我发短信的时候，总是非常长的一串。我非常理解她的内心需要倾诉、需要宣泄。她也会抱怨命运的不公，农村子弟的奋斗之路本来就不易，为何还要添这样一劫？她也会表达她的无可奈何，现在的他们都不清楚未来的方向在哪里，他们还能做些什么。

一两个月后，大概是渐渐接受了这个事实，萱萱的状态调整了不少，她在朋友圈里晒起了石头画。起先是一天一幅，后来隔几天就是桌子的一个角落。画作日益精良之后，圈里居然有人定制起她的石头画做礼物，萱萱便干脆在手机上开了一个自己的石头画微店，生意虽然算不上很好，但她在这个爱好中找到了快乐，并且重新寻找到了自己的专注力。

我到她家里探望的时候，她的桌子上摆满了石头画，书架上摆放了非常多关于销售方面的书籍，这两样东西陪伴了她养伤的一年多时间。

据萱萱后来回忆，车祸那一秒她以为她的生命就要结束了。起先确实心理上很难调整，她觉得跑进了不幸的死胡同。后来想想，既然上天把她留了下来，她必定不能辜负自己的生命。换一个角度想，就当做是上天想让他们停下来休息一下，养精蓄锐，然后以更好的姿态出发吧。

如今看来，这一年多的时间虽然很煎熬，但至少没有颓废。她找到了人生中新的爱好，也在这一段时间里提升了自己的业务水平，给自己充满了电。经历这件事之后，她原来在意的很多事情都看淡了，更懂得珍惜生命中的人和事。

这个世界上从来就没有绝对公平的命运，也没有绝对安逸的人生。每个人都或多或少会经历挫折，经历无助，经历一段难熬的时光。而怎么度过这样的时光，往往就是一个人真正智慧的体现，也会影响到他未来人生的发展。

萱萱选择的方式是走出阴影，以另一种方式沉淀自己，等待重新出发。

你的选择呢？

你可以选择在失恋之后大哭一场，可以选择在失业之后暴饮一顿，可以选择遭遇变故之后将自己封闭起来，可以选择在困境中任性一把，但是你绝不能选择让自己消沉下去。

所谓的大哭、暴饮、封闭、困境，不过是一种宣泄的方式。宣泄过后，一切依然是朝着未来的方向。既然是朝着未来，我们就没有资格提前消遣自己的人生。

失恋了就认为遭到了全世界的背叛而从此满身伤痕，你只会遇到一段更糟糕的恋情，但是用这一段时间来让自己光彩照人，你会遇见更好的自己和更好的他。

失业了就觉得不公平而对这个世界充满怨恨，你永远也不能碰到你事业上真正的伯乐，但若是你潜心弥补自身存在的问题，机会也许就会找上你。

遭遇变故就抱怨命运的不公而一蹶不振，你的人生就真正被变故所操纵，而不会有新的出路，但和命运搏一搏，峰回路转的时候你的人生又会多出一段故事……

无助的日子，困顿的生活，才是人生真正的试金石。

"盖文王拘而演《周易》；仲尼厄而作《春秋》；屈原放逐，

乃赋《离骚》；左丘失明，厥有《国语》；孙子膑脚，《兵法》修列；不韦迁蜀，世传《吕览》；韩非囚秦，《说难》《孤愤》；《诗》三百篇，大抵圣贤发奋之所为作也。"

你看，几千年以前，古人就以自己的人生经历告诉我们，在无助和困境中如何让自己有所作为。

一个人在情绪不高的时候，做事是非常困难的，这很正常，我们需要一些手段缓解这种焦虑或者绝望，但无论眼下如何糟糕，千万不要只盯着那些不如意，只要不让自己焦虑，总有办法。

急于求成，不如放缓心态

我很小的时候，种了一棵花，天天去看它，希望它有一些变化，却迟迟不见动静。爷爷看到笑着说："再等等。"后来我渐渐把这件事情淡忘了，没想到花朵在某天的早晨，开放了。

我得感谢我的大脑把它遗忘了，否则那将是一段纠结的时光。

谁都渴望早一天看到结果，但遗憾的是，时间虽短暂，但不可快进，很多事情不但要付出努力，更要付出等待，这是一种煎熬，也是一种考验。

急于求成这事在当今社会屡见不鲜。

要是一段时间不关注微博，就会有一串小鲜肉或小姐姐让我一脸茫然。这些十多岁或二十出头的年轻人都渴望在娱乐圈一展拳脚，各用奇招。博人眼球就是一种最常用的方法。有时候一档节目看下来，能找到几个真正有才华的就已经是节目之幸了，反倒是他们的个性奇特到让你瞠目结舌。

这些流量小生有多少是在演唱实力或演技上经得住时间的考验的？又有多少人留下了几部值得回味的作品呢！

一味地追求红，而并不关注自身的内在实力。这些流量小生到底能红多久？这是一个值得探讨的问题，尤其是在娱乐圈这个更新换代如此之快的时尚前沿。

而在这样一个圈子内，倒也有一些真正的智者还在坚持着明星该有的力量，清楚一个明星该有的定位。

仔细想来，胡歌当属其中之一。

出道之初，胡歌凭借《仙剑奇侠传》爆红，事业正进入发展的最佳时期，却因一场车祸让他落到人生的低谷。历经10年的蛰伏，他重整旗鼓回到娱乐圈，凭借《伪装者》《琅琊榜》而成为当之无愧的屏幕之王及口碑担当。

镜头里的他褪去了青涩，显得越发地真实和沉稳。

然而，在事业巅峰，他选择了再次归隐。

"2017年将作为自己的学习阶段，继续深造。"

"做一个纯粹的演员，把演戏当做一件简单的事情，你会获得更多的快乐。"

这就是胡歌的态度，他像是娱乐圈的一股清流，将演技和人品置于首位，而非功与名。心态如此，方向就定了，方向有了，路就好走了。

若你真正有实力,终会有出头之日;若你花瓶一个,运气也不会总是眷顾你。一部经典作品需要时间来检验,一个人能否长久发展也会由时间来证明。

所以,无须急于一时,沉下心来等待,来日方长。

我曾经有一个很好的朋友,他是一个很聪明的男孩子。读书的时候,他几乎不怎么用功就能超过投入大把学习时间的我,我为此还经常愤愤不平。那时候老师们都在班上反复夸赞他的思维敏捷度。可能也是认为自己有聪明这个优势,他在学习上不喜欢落实知识点,常常点到为止。高考的时候,他终究还是失利了,到了一所很普通的本科学校。

我在大学的时候和他约过几次,最后一次约是在他大学毕业之前,他说他不喜欢给别人打工,要有一份自己的事业。

后来的事情,我都是从其他人那里知道的。毕业之后,他先是和朋友去了厂子打工,之后就约了几个朋友出来单干。但是发现这样的起步太艰难了,而且成效也慢,就想走一点投机取巧的路子,于是进入了一些投资行业,和一些发了财的朋友混在一起。没想到,这条路也不是那么好走的,雪球越滚越大,砸下来也能砸伤人。这投机取巧的路一旦亏了,就是无路可退。

几条路都走不通之后,他和一些老朋友借了一些钱打算重新开始,但无奈个性中那股想一步登天的劲头再次把他带入了险境。这次他不仅自己跌了跟头,还拉上了朋友,他索性就将老朋友的微信都拉黑,我也是被拉黑的朋友之一。

自此之后,他就在我们的朋友圈消失了,没有人清楚他究竟在做什么。

身边有一些老朋友聊起他就摇头,但我始终相信他会"杀"回来。

他不缺乏聪明才智,也不缺乏创新意识,更不缺少人脉和情商,他唯一缺的就是踏实走好当下每一步路的决心。他想干一番事业,不甘心做一个普通人,过着普通的日子,但他偏偏想一步登天。

天底下没有免费的午餐,更没有人能一口吃成一个胖子。每一个成功者的背后都是智慧和汗水累积起来的人生阅历。他若想成为成功者,从心底里做好打持久战的准备才是发展之策。否则,就只有不断地从头再来。

其实,我挺佩服他的!至少他有一颗敢闯的心,至少他不甘于眼下的生活,他只是缺少了一份走长远的路的眼光和决心。但谁的人生不是在试错中爬起来的呢?只希望他这条试错的路不要太长,能尽早让自己踏实下来,朝着目标稳打稳扎。

这样的他,或许能更快地找到成功的曙光。

在人生这条跑道上,有些人一开始看似跑在了前面,但往往最后才到达终点。这条路太漫长了,跑得太快的人到后程就没有了动力;而一开始看起来慢的人把积攒的体力在关键时刻尽情释放。

在路上跑着的你,让心慢下来吧,路长着呢!

不轻易跟随，学会独立思考

一天，朋友问我，你说哲学有用吗？净是那些虚头巴脑的东西，没有一点儿实用性。我在很长的一段时间内，也是这样想的，但深入了解之后，我回答他说，哲学重在思维方式吧，我也不是太懂，至少它会教给你不盲从吧。

移动互联网时代，我们每天被各种各样的信息包围，善意的、功利的，我们更加需要独立思考来甄别，人生何尝不是如此？

前几天，在朋友圈刷到朋友分享的很久未见的一个学弟创设的公众号链接。

这个学弟在大学的时候学的是新闻专业，在别人还在小打小闹的时候，他就出了一些自己的作品，并在学校有了一定的人气。

毕业之后的前2年。他留在C城工作，我们还有一定的联系。那时候他在一家媒体工作，想着能开创一条自己的从文之路。但，理想是丰满的，现实是骨感的，他的一些想法往往需要让位于现实。

安于现状，这份体面的工作绝对能让他维持稳定的生活。就像他的一些朋友一样，把正在做的事当成是一份工作来完成即可。而他不甘心于没有自我表达权利的工作，和他聊天的时候，常常感觉到他有一种壮志未酬的心酸。

经过多方考量,他毅然离开了这个在他人看来不错的单位。何去何从?像他这样优秀的人,不是没有人抛来橄榄枝。但下一步路如何走,他需要做出自己的判断,他渴望有一个平台能实现自己的理想,而不是一份体面的工作。

回老家创办自媒体,这是他最终的决定。他离开C城之后,我们就少有联系。

打开他的公众号,所有的文章都是对他老家的宣传。几年来,公众号的推送覆盖了多家新闻媒体,内容涵盖了家乡人文风景、民俗美食、人物故事、正能量事件和公益行动。刷完他的一系列文章,几乎就能对这个小城有很深的了解了。

我对他立刻就有了无限的敬意,以这样的方式为自己的家乡代言,他应该是家乡人民的骄傲了。在公众号中,他还提到以这个自媒体的形式,他们曾经募集了善款为家乡进行建设,并为家乡的贫困户销售了自家栽种的瓜果等。

实现自我价值的同时,能给社会带来一定的效应,这或许是他重新出发的初衷之一。

我们不需要去比较那些固守稳定工作的人和勇于迈出新的人生步伐的人伟大或渺小,毕竟每个人都有自己的生活方式。我们没有资格来评判到底谁的人生是更有意义的,这都是个人的选择。

但是于学弟而言,没有在体制内失去自我,一直保留着自己的一份思考和追寻,他已经创造出了他人生的一种新的意义。要是没有踏出那一步,他可能依然是朝九晚五,偶尔加个班的上班族。踏出了那一步，他开启的是全新的旅程，并且创造了在他以往的工作中所没有的社会价值。

为家乡代言，建设家乡，助力家乡人民，这是他为自己争取的实现理想的平台。如今，这些都是他人生轨迹中有痕的印记。

他的公众号有许多的支持者，并且多数人都愿意为他做宣传。的确，谁会拒绝一个有思想、有目标、有行动力的年轻人呢？

有时候，我们是否也应该跳出自己的圈子看一看，我们走的这条路是否这一辈子都会安之、乐之？我们的人生意义能否真正实现？

绝大多数人，这一生都注定平凡，但平凡也要有自己的特色。我们是否至少能做到保持一个独立的自我，清楚自己要什么。

当你的家里为你安排了一份稳定而体面的公职工作，而你偏偏又是向往自由之人，你可否给自己保留一点思考的空间，勇敢地为自己闯一闯。

当你一毕业就被家里安排相亲，被告知女孩子就应该找个有钱又有好脾气的老公早点嫁人的时候，你可否想一想你还有没有需要去追逐的梦。

当有10个人说"好"，而你认为那并不是你心中所认同的观点时，你可否有勇气说出你心中的那个"不"字，为自己争取一次表达的机会。

有了你的想法，有了你的抗争，那才是你的生活，你才能找到真正的自我。

一直以来，我很喜欢民国时期，倒不是想过颠沛流离的生活。

而是在那短短 30 年间，民国涌现出了无数的大家，并且后来者难以超越。蔡元培、胡适、鲁迅……他们在那个军阀混战的年代能发出自己的声音，保留自己独有的人格。即使是利刃在前，也坚持捍卫自己的话语权。简而言之，敢想，敢拼，敢闯，敢吃苦。

如今，衣食无忧、居有定所的我们却总是少了些该有的骨气和思考力。领导满意的就是我们满意的；工作需要的就是我们需要的；社会认可的就是我们认可的，却从不去想那到底是不是我们想要的。

就这样，一晃到中年，一晃一辈子。

回过头来看，你为自己的人生主宰了几回？

叔本华在他的《思想随笔》中写道：只有独立思考才是一个人真正的灵魂。

我们都需要听到自己灵魂深处的声音，才不会枉费这来时的路。

在工作场合，请拒绝"佛系"

"佛系"，一个近来在网络上十分火爆的词语。

最近，互联网上"佛风"劲吹，"佛系"青年、"佛系"追星、"佛系"购物，一大波"佛系"概念汹涌而来。"佛系"生活方式，表面上很酷，其实散发着说不出的"怪味"。青年人一度成为"佛系"的拥趸，对其十分受用。

不知在何时，我也中了"佛系"的魔咒。只觉得凡事再也无法让我拥有紧张感和仪式感，不再主动追求，不再失落愠怒，一切"随遇而安"。生活流淌的方向就像双色球的开奖，大奖究竟花落谁家，无人知晓，一切都是随缘。

在工作的很长一段时间里，我都好像温水里的青蛙，被生活小火慢炖，却仍浑然不知，还乐得轻松。业绩进步了，很好；业绩没有进步，也不太在意，可以下次再来。或许是自以为"佛系"吧，或许是自以为这是心理承受能力强的表现吧。一直没有明晰的目标和坚定的信念，却还不自知，却还很满意。所以，在单位推送我作为代表外出比赛失利后，我还觉得这似乎是可以意料到的结果。短暂的难过之后，令我陷入的更大恐慌的却是我发觉自己已经不太在乎这次失利了。

我安慰自己,搪塞过失,掩饰懦弱。曾经初入职场的壮志豪言,曾经的宏伟规划,在这次失利之后,我已经不再渴望将它实现,美其名曰,"比赛的魅力不在于如愿以偿,而在于阴差阳错"。可实际上呢,我跌入了一个不起眼的平台,失去了与许多更有学识、更有魅力的人结交的机会,日后我要付出加倍的努力才能让自己从起点低的地方脱颖而出,才能重新寻找到可以参与比赛的机会……

究竟是什么让越来越多的人甘做"佛系"青年呢?"佛系"地说一句不在意,其实是得不到却也不愿努力吧。哲人说,人性本"贱",人的天性就是寻求安逸,大多数人没有能够改变天性,而现如今,"佛系"一词的出现更是为更多不愿逆流而上的人做了遮羞布。

这种思想再演变下去,我担心那颗进取心就会灭掉了。借网友的话讲,"别把平庸当平凡还安慰自己平平淡淡才是真"。而再显得文艺一点,用王尔德的话说,就是你拥有青春的时候,就要感受它;不要虚掷你的黄金时代。"佛系"青年就应该多一些这样的语言来点拨一下。毕竟每个人的内心还是向往更精彩的生活的,如果人生的蓝图完全可以描绘得精彩纷呈,谁又甘于平淡呢?

虽然我也中了"佛系"的毒,但最近似乎又清醒了不少。古有"男儿何不带吴钩,收取关山五十州",新时代,我们很多人不再需要为国出鞘，替国争锋。但至少需要有责任心和进取心，而不是躲在"佛系"的幌子下，得过且过。

其实真正的"佛系"在于"大事抓得牢，小事不计较"。"佛系"讲求的是在聚焦一事之后，宽宏平和的待人态度和大方从容的处世风格，而不是凡事不走心，随处不留意。文学巨匠钱钟书先生是出了名地"痴"，作为一个普通人，不仅记不清自己的生日，穿鞋还分不清左右脚，上街迷路找不回宿舍，趁女儿睡着在她肚皮上画画，半夜拿竹竿帮猫儿打架……但作为"当代第一鸿儒"，钱钟书先生对自己或是他人的文学作品的谨严程度同样令人咋舌，他的比较文学批评言辞犀利，一针见血，以至于落下"学问好，嘴巴臭"的名声。要说"佛系"，这样的钱先生才算得上是"佛系"的正面偶像。

而有所坚持后的"佛系"，本质是断舍离，是极简主义，是聚焦。

总之，"佛系"虽好，不可贪恋；若要"佛系"，愿为斗战胜佛系！

没有绝望的处境,只有对处境绝望的人

人生大可不必害怕,其实也没有什么好怕的。

见过很多人面对不确定,犹豫、害怕、患得患失,纠结到心力交瘁,并不是说世界上没有值得纠结的事情,只是不应有绝望的想法。

其实,怕什么呢?只要活着,一切都是好的。毕竟世界上除了生死,其他都是小事。所以啊,面对那些所谓的绝境,不用过于担心,因为总会找到解决的方法。只要你不害怕它,敢于战胜它,它就一定会被你战胜。

对于乐观的人来说,绝望永远是不存在的。

中学时期都读过《我与地坛》吧,你一定知道它的作者史铁生。那个21岁就瘫痪在轮椅上的人,并没有因为命运的残酷就向生活屈服低头。

21岁,最美好的年纪,说瘫痪就瘫痪了,上天没给他任何缓和的余地。谁都无法接受这个残酷的现实,意志力脆弱的人,或许会挺不住,直接想要先行"告别"世界。

虽然史铁生也要死要活过,但清醒过后,最终还是觉得只要活着就有希望。所有人都以为他无法再站立起来,会被病魔压垮

在那张轮椅上，迷失自我。但结果没有，他的身体虽然站不起来，但他的精神却顽强地站了起来，乐观地给身边的朋友讲笑话，展示自我。

虽然不能行走，但他的双手还好好的，那就能写作，那就不是"废人"，在轮椅上的日子，他开始了写作之路。

他化悲愤为力量，把重心全部放在文学里，创造了一篇又一篇的佳作，获奖无数，千万人被他感动。

你要知道，有时候命运不仅会给你一个耳光，而且还能在给你耳光之后，再给你加两记重锤，它对待史铁生就是这样。

在他事业如日中天之时，他又被告知得了尿毒症，这完全是晴天霹雳，雪上加霜。

医院成了他常去的地方，一周4次透析，一次4个小时。这么来回折腾，就折腾了12年。

命运虽然多舛，但他也没有表现出一副颓丧的样子。关于这点，你可以从他的文字里看出来，他的文字大多都是乐观的、健康的，他所呈现给大家的，一定都是最美好的、阳光的，那些悲伤都被他自己小心翼翼地嚼碎，吞掉了。

面对那些磨难，他有一句经典的名言："先别去死，再试着活一活看。"

如果说到绝望，难道他没面对过绝望的境地吗？从21岁那年起，几乎时刻都面临绝望的边缘，"魔鬼"时刻都会把他拉向地狱。

命运啊，总是对坚强的灵魂格外有情，所以他能乐观地活下去。面对绝望，他毫不畏惧，给命运痛快的反击，照样能在精神上活得逍遥自在。

所以面对那些所谓的"绝望瞬间"，有什么好怕的呢？

面对病魔，要有战胜它的决心，面对学业、事业上的困难，也要有战胜它的决心。我们生来就是一个战士，注定要为自己的前路去"浴血奋战"。

再说一个例子。

美国第32任总统富兰克林·罗斯福，也不是与生俱来地强大，也是在各种挑战与困难面前成长的。

小时候的他，是一个极其胆小的男孩，脸上经常显露着一种别人时刻要"摧毁"他的惊恐表情，说话时身子都能跟着自己的嘴巴一起颤抖。

就这样一个人，你怎么能联想到他以后会成为美国伟大的总统呢？

不光如此，他的外表也不是那么讨人欢喜，他有一嘴大龅牙。如果换作其他孩子，肯定会非常敏感。但是他没有被自己的那些缺陷吓退，反而大胆地面对缺陷，努力改正缺陷。

面对困难，他不气馁，勇敢地往前走，想必这也是日后他能成为"人中龙"的缘故。

没有绝对的绝望，有绝望的地方就一定会有希望。前提就是你有足够的耐心与勇气，等待希望的到来。

我身边有个朋友也是如此。

他一出生就背上了倒霉的命运，父母离异，没人管他，把他丢给年迈的奶奶，两个人相依为命过活。长到12岁，奶奶去世，他成了彻头彻尾的"孤儿"，依靠村子里的叔伯们，还有政府救济过活。那样环境下成长的孩子，大多会有自闭倾向。但如果不是跟他非常熟悉，你根本想象不到他有那样的童年背景，因为现在的他相当乐观，眼神里充满了阳光，浑身正能量。

他学习努力，年年都有奖学金。毕业之后，他做慈善做公益，没人会把他与"没人要的小孩"联系在一起。

只要你时刻乐观，保持阳光心态，任何事情都不会难倒你。绝望面前，你要做的就是，咬牙，再咬牙，直到把希望咬出来为止。

Part 5

抬头看清前路，低头把握自己

无知与睿智之间，赫然两大难题：看清未来，把握自己。生活就是自己与世界的较量，虽然与世界的对立只存在于脑海中，但我们仍需要小心谨慎，迈步前行。然而糟糕的并不只是如此，我们还需要时常给自己一个充分的理由，管好自己。

看得清前路，把握住自己

看不清前路，我们迷茫、战战兢兢、畏首畏尾……

管不好自己，我们悔恨、抱怨、赌咒发誓……

想起大学毕业的前一天，自己一个人默默流泪，不知道走向社会会怎样，不知道该怎样去做。脱离了学校管理，我能不能将自己规划得很好，能不能管理好我自己。

先说未来吧。

提到未来这个词，可能我们脑海里浮现的就是前路漫漫、前路迷茫、前路迢迢这样的词语。未来，总给人一种深不可测、艰辛漫长的感觉。但我认为，前方道路之所以会让你不知何去何从，会让你感到迷茫、无措，说到底是因为你不懂自己，不知如何选择、怎么坚持。

记得小时候，我总爱和姐姐一起去爬山。印象比较深刻的是早春时节的那一次，不仅是因为景色之美，更是因为爬山的途中出现了一段插曲。

家乡春天的阳光总是那么和煦。老家那独特的连绵青山、悠远漫长的小溪、波光粼粼的湖面，都让我有一种放下尘世喧嚣的舒适感。可能是山间的美景，也可能是登顶时那种一览众山小的壮观，让我们做了长久的停留。姐姐还提议继续沿着另一条小道走下去，看看能否有新的发现。这一钻就到了天黑，夕阳在山，树林阴翳，归鸟啼鸣，这种晚归的思绪让我们俩忽然有点心慌。

沿着原路返回是我的想法，继续往前探路是姐姐的意见。后来姐姐还是决定遵照我的想法，但是往回走了一小段路后，看着树林渐渐昏暗，姐姐突然意识到原路返回可能在天完全黑下来之前到不了山脚。

我的心里已经完全没了主意，只是暗自后悔太过于贪玩才导致这样的后果。姐姐拉着我的袖子让我紧紧跟着她，从我们的原路折返，继续沿着我们探访的小路走。她相信这样到达山脚的速度更快，只要到达山脚，我们就没什么可怕的了。她从地上捡起了一根棍子，像电视剧里一样沿路做着记号。

虽然一直心中忐忑不安，虽然几度眼泪都要流出来了，但是我们心中始终坚信有一条路终能到达山脚。而事实也是如此，当看到山脚村庄的那一刻，我居然有一种说不出来的感动，那一幕至今都存在我的脑海中。战胜了自己内心的恐惧，战胜了黑暗，原来真的可以迎来心中的曙光。

有人可能会说我们幸运，当然幸运是成功的一部分，毕竟还是存在一定的危险。但事情已经发生了，已经身处在险境之中，那么我们就只能相信事在人为，选择相信我们自己。

因为我们了解自己，了解故乡的山水，知道水总有源头，山中没有绝境，山势绵延不绝总有出路，出路无论在哪儿，都是家乡的地盘。而我们也敢赌，赌这条出路比原路近，事实证明我们赢了。

这件偶然的事情给了我未来的人生很多的勇气。每当前路迷茫或是遥遥不可期的时候，我都会说服自己相信自己，把握当下。更在心里不断地给自己暗示，给自己一份果敢和前行的勇气。同样，这件事也是姐姐少年时代一个深刻的记忆，她也相信前路虽然未知，但我们能拨开云雾看到希望。

高三的时候，姐姐的压力非常大。一摞摞的复习书、铺天盖地的试卷让她几乎没有休息的时间，晚上 12 点睡觉，早上 6 点起来对她来说早已经习以为常了。她刷题刷到怀疑人生，文科那些死记硬背的知识记了忘、忘了又记更是让她几近崩溃。那段时间，三点一线的生活让她的生活单调到了极点。

可是从幼儿园、小学到初中，姐姐都不认为读书是有压力的，甚至是享受着读书的时光。高三这场硬仗让她一度没抵住，打电话回来哭诉。尤其是临近高考的那段时间，她总是觉得自己没有把握，不能稳操胜券。面对姐姐的这种状况，妈妈虽然担心，但依然不停地宽慰姐姐，并坚定地相信姐姐能考上一本。即使有个如果，也能是一个不错的二本。

其实我清楚姐姐在心里也是相信自己能做到的，毕竟她一直那么努力，但是在这样决定人生之路的大事上，谁又能做到平静如水呢？姐姐的不安和担心影响到了她的睡眠，睡不着的时候脑袋中就有各种疯狂的想法、消极的词汇。

回忆起那时候的想法，姐姐认为摆在她前方的路只有两条：要么承受不了压力，12 年的读书生涯就此结束；要么坚持带上强装的开朗与微笑继续迎接高考，即使过程煎熬。

这样想着，她也就想明白了：人生哪有这么多12年，这么多值得坚持12年的事情。"行百里者半九十"，如今她就是这走到90里的人。

毫无疑问，姐姐选择了咬牙坚持。哪怕对她来说，夜晚依旧漫长，导数题依旧难以下手……但只要想明白了，没有什么能抵挡她前进的脚步，这是她的个性，也是我的个性。

一本的大门向姐姐敞开了，向那个勇敢地把握当下、把握自己的女孩敞开了。

其实，很多人的前行之路都是如此，一条是痛快放弃的路，另一条是难熬的坚持的路。很多人选了第一条，为的是心中的那份舒坦。可是，人生的长跑道上，我们必须忍住一时的艰难。

所谓的煎熬，不过是你通往未来路上的迷雾。只有拨开了，才能看到你所希望的未来，而一旦你放弃了，那层迷雾挡住的就是你的美好。即使今天的选择很残酷，明天亦很残酷，但后天会很美好，但大多数人死在了明天晚上。有些路很累，但不走你会后悔。前行的路就在你眼前，看你如何把握。

理想的路上，或许没有路灯

人总是害怕漆黑，这可能源于人类漫漫进化过程中的记忆存留，漆黑中存在太多的未知，我们需要擦亮眼睛，绷紧神经来应对，这是一件很苦很累的事情。

所以我们需要朋友,相扶相携;我们需要光明,驱散恐惧。但并不是每一条路都会有人陪伴,并不是所有的路上都有灯光。

我们常说理想是一盏明灯,能指引我们前行的方向。可是走过几十年的人生之路,我发现通往理想的路有时候走着走着就无路可走,甚至理想本身有时候也在心中若有若无。因为这一路,我们需要克服惰性、克服外界的阻力,有时候是突如其来的变故,会让我们看不清理想的方向,也没有坚持下去的动力。

或许一个小女孩的故事能给我们启示:

有一个母亲带着她的女儿走夜路。

"这条路我不走,你看连路灯都没有!"小女孩不满地对身旁的母亲嘟囔着。母亲笑着摸了摸她的头,问:"这条路能到达你想去的地方,也不走吗?"

"到哪儿?舅舅家吗?"小女孩说到游乐场,眼睛都亮了起来,站在路旁使劲地往路的尽头望去,可什么都看不到,只有零星的几块破石头和杂草。

母亲没有回答,反问小女孩:"如果一件事过程很辛苦,但结果却是你想要的,你想去做吗?"

小女孩眨了眨她水汪汪的大眼睛,高兴地说:"我知道我知道!是不是就和妈妈每次喂我吃药一样?明明很苦,但是却能治好我的感冒!"

母亲敲了她的小脑袋一下:"你个小机灵鬼,别以为我不知道,每次都趁我不注意的时候偷偷倒掉一些。"小女孩抱着脑袋装可怜，一副无辜的样子。

"这条路我不走，你看路上全部坑坑洼洼的，脏死了！"小女孩不满地对身旁的母亲嘟囔着。母亲笑着摸了摸她的头，问："真不走？今天可是要去最疼你的舅舅家哦！"

"舅舅？舅舅家的路为什么这么烂……"小女孩撇着嘴，还是有点不开心。

母亲敲了她的头一下，说："不记得每次谁给你买那么多好吃的和玩具了啊？"一说到好吃的和玩具，小女孩的眼睛又亮了起来。母亲接着说："不要看这条路烂，其实你舅舅家房子可大了，到了那里保证你不会嫌累！听说你舅舅家以后还打算修游乐场哦！"

小女孩和母亲走到了舅舅家，母亲真的没有骗她，虽然那条路又长又烂，可回家时书包里满满的糖果，让她觉得再走几遍都不会觉得累。

我们姑且把这个小女孩想要的糖果当成是她的理想吧。起初，这条路对她而言是黑暗的、是抗拒的，但当她有了想要糖果的想法之后，便不觉得这条路是黑暗的了。这样看来，即使路途黑暗，但只要知道路的尽头有些什么，便能快快乐乐地把路走完。

追寻理想其实很简单，像这个小女孩般，朝着心中的目标出发即可，这是身处黑暗之中的一种坚持的方法。

可大多数时候追寻理想是很难的，因为我们往往和小女孩不一样。虽然我们也知道路的尽头有些什么，可我们却没有那份单纯。我们会考虑很多，会有诸多的牵绊，会有很多的无奈。

住在我隔壁的老伯是在高中辍学的。听说他读初中的时候很有天分，也很努力，所以轻轻松松在那个年代考上了高中。在20世纪五六十年代，能考上高中已经是一件很稀奇的事情了。但他读了一年之后，他的弟弟也考上了高中。两个人同时读高中，家里根本无法负担。虽然读大学是老伯的理想，但是在那种情况下，除了把机会让给弟弟，他别无选择。就这样，他终止了自己的求学生涯。

对老伯而言，他的理想太虚无缥缈了，甚至让他无从追寻。但老伯一直记得自己心中要走的那条路，即使没能在学校读书，他也坚持学习弟弟的课本，一直保持着读报和看书的习惯。村里只要有人家里有读书的人，他就会去和他们谈论学校的事情，借他们的笔记学习，这多少也弥补了一些他当年的遗憾。

虽然老伯未能在城市里留下痕迹，但是他这半辈子都坚持了学习的状态，而且担任了村里的村支部书记，为村里做了不少实事。老伯曾说，如果当年实现了自己的理想读了大学，那他应该也可以在城里谋个一官半职。如今只是换了一个地方来实现自己的想法，他的价值都体现在了这个偏远的小村庄了，也算值得。

一个意气风发的青年被现实断了前行的路，没有一丝反抗的余地，这盏理想的灯是彻底熄灭了。然而，老伯为自己的人生寻找了另一条出路，依然凭借的是内心的那点执着。

即使灯灭了，但只要灯芯还在，便能燃起新的希望。我们追求理想的路也是如此。不要抱怨它没有路灯，不要抱怨它破破烂烂，也不要抱怨它杂草丛生、布满荆棘，你只要知道这条路通往你想去的地方，而后埋头赶路即可。

或许最终到达的不是你的彼岸，但至少会比没有出发时明亮。至于那些苦与乐，独自品尝即可。你在路上的艰辛我不知道会不会有人知道，但是我知道理想的终点一定是不会让你失望的！

当走过漆黑，我们至少战胜了恐惧，这是一种努力的尝试。

心态，是值得依靠的伙伴

越来越多的不幸指向了心态，在富丽繁华的背后，总有人的内心充满了矛盾与萎靡。

这个社会拼的就是心态，谁还没有个失败？谁还没有个挫折？可就有忍受不了的。前几年，听到内心强大这个词，已经很腻了，我会一笑了之。但当你真正遇到了挫折，你才知道这四个字是多重要。

好心态，值得信赖。

上个月，因为急着回乡下处理一点事情，就想托朋友帮忙把C城的事情处理一下。事情来得比较紧急，所以需要在第二天处理完。没想到收到的七个信息都是拒绝模式：

"明天我报名了一个市里边的招聘考试，刚好有点不凑巧。"

"如果能帮到你是我的荣幸！但是最近心乱如麻，连续几个晚上失眠……"

"不好意思，我现在自己都还在加班。"

"偷偷告诉你，我做了一个小型手术，还没有拆线。"

"我有朋友从外地过来，我明天需要去陪同。"

……

若是在不同的时间段被这样拒绝，我还可以接受。但短短几分钟看到七条这样拒绝的信息，我都有点怀疑自己的人品了。

曾经的我是一个任何人求助，都会尽全力去帮的人，尽管有时候牺牲的是自己的利益或者是自己的业余时间。就算是放下自己手中的事情，我也会先完成他人嘱托，而且比自己的事做得更认真、更追求完美。

可是后来，我慢慢地发现，当我向他人开口的时候，要是他还有自己的事情需要解决，他的第一反应一定是毫不犹豫地拒绝我，并且非常有底气。即使是答应帮忙，让他付出多少心思也是没有多大可能的。

起先，我经常会被这种态度气到，有时候甚至委屈到哭。

但随着年龄的增长，经历的事情越来越多，我开始慢慢地理解"帮你是情分，不帮你是本分"这句话的含义。每个人都是以自己为先的，当然是先顾及好自己的利益，才有余力来帮助他人，最重要的是他没有义务来帮助你。

像我这件事情，他们确实都有各自的事情需要去处理，那么优先等级当然是自己的事情。谁的生活不是一地鸡毛，顾自己都来不及，哪儿还有闲暇时间来搭理他人？要是他们真的闲着没事做，那还是有可能伸出手帮你一把的。

要是你抓着被拒绝的这件事不放，并且认为是自己人品不行的话，那就是给自己添堵，当真有一颗幼稚的玻璃心。所以虽然有点失落，但我还是微笑着给予了每一个人回复。

你帮不帮别人，取决于你自己；别人帮不帮你，你也无须太在意。

人生在世，多少事不都是靠自己的心态来调整的吗？

像公司内部进行了一次年度人物评选，有意愿参评的员工可以自行向办公室发送个人事迹。评选结果出来之后，员工们议论不断，纷纷表示其中的某一位实在不符合这个年度人物的标准，公司随便换一个人都可以替代他。

这种议论的声音，我不相信当事人没有听到。但他并不在意这种声音，他认为自己有资格参评即可，其他人的声音和他的参评并不相冲突。

是啊，谁都可能被人喜欢，谁也都可能被人讨厌，有人支持你，也必定有人反对你，没有人能做到让任何人都满意。既然这样，何必过分地来关注他人的看法呢？自己无愧于心便是了。至少他们有勇气为自己争取荣誉并能接受大众的声音，这在心态上就已经远胜一筹了。

我记得我曾经在一篇文章中写过天后王菲的女儿李嫣的故事，她把自己活出了独一无二的模样，天后王菲又何尝不是呢？

在该恋爱的年纪轰轰烈烈地谈恋爱；在婚姻走到尽头的时候，以平和的方式结束彼此曾经的美好；在前缘可续的时候又继续回到青春时代的爱恋。既珍惜每一段感情，也能在结束的时候好聚好散,没有纠缠,没有难堪。即使和谢霆锋复合的时候,一度被推到了娱乐的风口浪尖,但她全然不顾世界的声音,像个小女孩一样享受着自己的爱情。

即使女儿天生就有身体上的缺陷,但她无条件地接受着女儿的一切,把女儿培养成了气场强大的自信女王,一家人互敬互爱。

即使亿人期待的演唱会被听众吐槽成"车祸现场",被网友们喊着"回家练练歌"吧,她依然我行我素,没有只言片语的回应。

在王菲的世界里,她一直都过着自己想要的生活,而不是按照他人的意愿活着,这才是人生最潇洒的姿态。

世上本无事,庸人自扰之。很多时候,我们不快乐是因为在意的东西太多,放不下名和利,放不下他人对自己的看法,也放不下自己的固执。我们不想得罪他人,又想顾好自己,所以常常瞻前顾后,计算得失,累人累己。

其实,只要你放平心态,将得失心、功利心都收起来,你会发现能真正影响到自己的东西少之又少。你所拥有的远远胜过你想去追求的,所以不要用自己的目光去追逐那看不见的幸福和触得到的烦恼,只管享受当下的快乐就好!

当你不再恐慌的时候,这个世界将温柔地对待你。

不念过去，不畏将来

我们努力忘记过去，只为将来走得更好，努力勇敢地面对未来，只为现在的精彩，但有些话说起来容易，做起来很难。

我也曾有过这样的纠结，在屋子里不吃不喝一个月的时间，憔悴了自己，担忧了父母。到头来，该来的还是会来，该走的一定留不住，这种折磨自己的事情，在不久的将来你会发现没有任何意义，当心灵成熟的时候，你会发现：

人生，不需要难过，不需要同情，不需要害怕，没什么好怕的！

欢姐是我在户外活动的时候认识的一个姐姐，今年35岁，有一个聪明可爱的女儿，她女儿要说人见人爱真是一点都不夸张。欢姐自己也长得很漂亮，属于那种淡雅型的。

因为在户外活动中很投缘，又同在一个城市，我俩后来经常约出来一起玩。但是接触长了之后，我发现欢姐并没有看起来那么阳光，她总是有一种淡淡的忧郁，很容易就沉入自己的世界里面。

欢姐一直没和我说过她的心事，我也不好多问。在一起玩的时候，我就尽量地让她快乐一点。有一天，欢姐忽然约我出去喝酒。喝酒这个事，我向来都不喜欢，本来想拒绝，但考虑到她可能心情不好，我还是赴约了。

原来欢姐和老公吵架了，我也就听到了他们的故事：

欢姐的老公长得特别帅，又是运动型的男生，听欢姐说读大学那会儿有超多人追他，欢姐也是被他迷得不行。当时，欢姐在学校也是一个极具魅力的女神，追她的人也不在少数。其中有一个男孩子虽然长得不怎么样，但是人很踏实，一直凭借自己的努力在学校各个活动中崭露头角。他追欢姐也追得很上心，大大小小各种节日都会给欢姐制造各种惊喜。只要欢姐有需要，他都会随时出现。但是没想到的是，这两个男生居然同时向欢姐表白了。

到底是年轻，想要谈的是一场轰轰烈烈的恋爱。欢姐最终选择了颜值高和会玩的老公，和另一个男生划清了界限。

这场恋爱一谈就谈到了结婚。毕业之后，两个爱得轰轰烈烈的人就像童话般美好地步入了幸福的殿堂。婚前只想着浪漫，但婚后的日子并不是想象中的那样，即使是真爱，也难逃现实的魔掌。

结婚之后，她老公爱玩的本性一直都改不掉，在工作上静不下心来钻研，因此工作业绩平平，勉勉强强当一个上班族。本就是一个普通的工作，攒了点钱又想吃喝着朋友们聚一次或出去玩几圈，所以他也没什么余钱负责家里的开销。倒是欢姐，一直保持着大学时候女神的魅力，在公司继续保持着"御姐"范儿，事业不断攀升。两人在事业的认同感上，出现了一些分歧。欢姐希望他能上进，有自己的事业，而她老公却认为日子舒服和开心就好。

女儿出生之后，她老公倒是稍微收敛了一下心性。但是在教育女儿的问题上，两人出现了特别大的分歧。欢姐认为应该全面培养自己的女儿，而她老公则觉得普普通通地成长就可以了。欢姐想给女儿上的培训课程，全部被她老公挡下来了；欢姐想给女儿一个好的环境，老公不是在女儿面前刷手机就是打游戏。

这些教育上的分歧加上生活中的一些琐事一同爆发，两个人的争吵越来越多。欢姐忽然觉得他俩的生活目标原来并不在一个频道上，因为两个人对人生意义的追求完全不同。可是在结婚之前她并没有想过这些，她相信爱情能打败一切，她更相信她老公爱着她。可是如今这些现实的问题摆在她面前，让她一次又一次对老公失望，那不是她想要的男人该有的担当。

女人在脆弱的时候难免就会怀念过去，尤其是过去那些美好的时刻。在欢姐的美好记忆中，那个踏实的男孩是不可替代的。那个男孩如今也已经成家立业，不同的是他的"业"是真的立起来了，他成了一个公司的高管，并和一些大学好友进行了一些投资。每次翻看那个男孩的朋友圈，除了积极向上的能量，就是一家人幸福的影子，他是一个很爱晒自己孩子照片的"女儿奴"。

如果当时做出不同的选择，现在的结局会不会不一样？婚姻不仅仅是选择爱情，更是选择一个适合自己的人。她原本不用像现在这样过得辛苦，而更辛苦的是她现在无力去改变她的现实。

欢姐说，只要和老公吵架之后看到那个男孩的朋友圈，她都会感觉自己选错了婚姻。所以，一步错就步步错了。

也许欢姐做了不同的选择之后，会比现在过得更幸福吧！可是，人生从来都没有如果，哪怕你想回到昨天去把昨天没有完成的任务完成也是不可能的事。现在这样的懊悔又算是什么呢？可偏偏很多人都喜欢沉浸在过去，尤其是当现实不如意的时候，过去的那些美好能温暖现在的自己。像她这样钻进了死胡同，只会对现实越来越不满意。

过去是没有人能改变的，而现在你可以把握，未来你能去创造。与其停留在过去，不如想想当下的路该怎么走，才可能在未来拥有幸福。

谁都没有绝对满意的现在，怀念过去不过是一种自我逃避的方式。生活中也不会有过不去的坎，把你的要求放低一点，把自我满足点降低一点，你会在当下的生活中找到被隐藏起来的幸福。

欢姐不是也享受过那么轰轰烈烈的甜蜜爱情吗？这是她另一种选择所不能拥有的。现在回归平淡，她只要能调整好心态，正视所存在的问题，那么她的将来一定也是一片幸福的曙光。

唯有不念过去，不畏将来，你才能一直走在幸福的路上。

不浮夸，让理想触手可及

我是一个很少谈及理想的人，小时候大人总是问我理想是什么，我支支吾吾难以回答，其实也并非毫无想法，只是不确定而已。

在成长的道路上，我也不止一次地问自己，自己的理想是什么？自己想要什么？却发现理想依然离我太远，难以追上。

经过多个深夜的反思过后，我终于发现自己的问题，我不愿说出理想，是担忧别人口中的好高骛远。

我认为：理想，还是要有的，距离近点就好。

小时候，老师总会布置关于理想的作文。在课堂上，也总会问我们的理想是什么。那时候，我想过成为老师、当一名解放军，甚至是电台主持人……等我长大了以后才发现，那是幻想，而不是理想。

幻想是可以随时变化的，甚至有时候我们还模糊了理想与幻想的区别，变成了我想成为什么就会成为什么。而事实上，真正意义上的理想应该是人有了一定的思想以后，在已知条件的基础上去实现自己的目标，这个过程是有计划、有具体的实施行动的，是从想一步步变成现实。

从这个角度而言，一个人的理想应是自己能够触碰到的。

如今回想起我学生时代的那些挚友，我们多数人拥有更多的是幻想，想着想着就没有了结果，而并非可实现的理想。若真正算得上的，锅子倒是一个。

锅子在中学的时候就是我们班的学霸，在表达能力上更是胜他人一筹。

在他很小的时候，他的家里人就发现了他在这方面的潜质，就在有意识地培养他。虽然他读的是农村学校，但是只要学校有主持的机会，家人都会鼓励锅子极力去争取。主持了一两次之后，以后学校只要有活动就自然地想到了锅子。锅子成了学校的"金牌"主持人。

　　中学以后，锅子到了县里的学校。从小播下的这颗主持的种子在他心中萌芽了，他自己也有意识地想要成为一名优秀的主持人。但是县里不比农村，他发现自己在乡下的能耐在城里稍微显得有点逊色。于是，他主动请教自己的语文老师，让他指导自己做一些主持人训练的计划。利用周末的时间，他也在校外进行专业的主持人培训，刚到城里的劣势渐渐就弥补了。

　　锅子开始为自己争取崭露头角的机会，他先是到了广播站播音，一步步成了广播站的站长。他把这个平台当成是自己理想的起点，召集了几个志同道合的人一起把广播站打造成一档精彩的电台节目，至今都让同学们津津乐道。

　　之后到了大学，他如愿读到了播音主持专业，锅子的生活再也没有离开过广播站。他想毕业之后，要有一档专属于自己的节目。如今，锅子是一个电台主持人，虽然还没有从幕后走到台前，但他认为他的理想已经实现了，至少他主持的是他所喜爱的语言类节目。

　　但是其实最开始的时候，锅子并没有想过自己的人生会沿着这样一条轨迹走。他本想成为一名画家，但他那慧眼的妈妈一看便清楚他的天赋不在那儿。

　　妈妈并没有扼制他这方面的兴趣，只是让锅子一边坚持画画的同时，一边接受主持人的培训。在这个过程中，锅子渐渐认识到自己在画画上确实跟不上其他孩子的节奏，即使很用心去画的画，也总得不到老师的肯定。慢慢地，他也意识到自己并不适合走那条路，反而在主持中找到了更多的乐趣。于是，他搁置了画画，而将更多的精力投入他天赋所在的领域。

不得不说，这是聪明的一家人。若是妈妈强行扼杀了孩子的兴趣，孩子不一定会老老实实接受父母的安排。而正是这样合理的引导，让孩子发现了自己真正的优势所在。若是这个孩子执意实现自己画画的理想，估计到头来也是一场空。因为人生中有些事情不是自己努力就能实现的。

天生嗓音有瑕疵的人想成为音乐家，那他除了会有一条漫长而无尽头的艰辛之路外，可能到最后也不会有一个真正属于他的舞台；一个身体素质孱弱的人非得奋力成为一名特种兵，他可能会在这个过程中增强自己的体质，但最后并不一定能成为最优秀的士兵。

这个世界上当然存在着因奋斗而诞生的奇迹，但你能确保你可以成为那个幸运者吗？他们的故事之所以励志是因为太难得，付出了常人所不能付出的艰辛。如果你选择了一个不适合你的理想，你就得走太多的弯路，你能坚持下来吗？

时常看到音乐选秀节目上，选手们一把鼻涕一把泪地陈述自己热爱音乐到没有它就活不下去的情景，为了它过着多么凄苦的生活，甚至没有承担起养家糊口的责任。我在气愤的同时，心中不免对他们有几分心疼。热爱音乐并追寻理想这当然没有错，但并不代表音乐也热爱你。在你发现这个理想并不适合你的时候，为什么就不能放手呢？爱它不一定要让它成为毕生的理想，有时候就是一个爱好就足够了，你的人生有更值得的路去走。

人的这一生可以为了理想而活，前提是这个理想是你触手可及的。凡·高的绘画人生是因为在他的天性里有欣赏美和创造美的种子；贝多芬能成为天才式的音乐家，是他骨子里对音乐的天生敏感，他们找到了自己的潜力才能做到极致。若是抱着一个明知不可追而坚持去触碰的理想，到头来可能就是空中楼阁。

找到属于你的理想，规划着并向实现它的路出发。那么，你的人生就会依着轨迹前行。即使中途会有阻碍，但不会影响到你到达终点。

理想与现实，折磨了太多的人，或许你也不例外，不管怎样，我们想要什么，还是一定要明了的，无论它叫不叫理想。

你认为的，一定要是成熟的三观

我的朋友很多是北漂，每当他们春节回家，我们总在一起讨论外面的世界，他们说的那无处安放的灵魂啊、没有归属感之类的话萦绕在我耳边，说得多了，我开始笑着反驳：

即使那里给了你太多的苦难，至少会给你相对正的三观。

"你们还认为只有朝九晚五的工作才是工作吗？"

"你们还认为女孩到了该结婚的年龄就一定要结婚吗？"

大城市给了你们成熟的三观，这也是一种财富，这对人生来说，一定会让你不会太幼稚，会成为大多数人喜欢的人，有自己的思维……

在生活中，我们都喜欢和"三观正"的人相处，并且常用自己的三观标准来评判一个人，颇有一副正义的派头。若是别人不符合自己的三观标准，就像是触犯到了什么底线。相比这样的三观，我更欣赏成熟的三观。

叶子和阿来并不是很熟，但叶子非常讨厌阿来。每次阿来和我们讲话的时候，她就会站在一旁默不吭声，阿来讲的话她从不搭话。阿来组织的聚会，她也从不参加，更别提帮阿来什么忙。

原本我们以为她和阿来有什么过节。后来，叶子私下告诉我，她就是看不惯阿来那副趾高气扬、溜须拍马的样子。大家都是年轻人，他以为他跟领导走得近一点就怎么样了。事情做得比别人少，能力也没强到哪儿去，就仗着自己那张嘴巴会说，会哄领导罢了。你以为他和我们交朋友是真心的啊，谁能帮到他，他就和谁走得近一点而已。表面上对谁都笑嘻嘻的，脑子里不知道装着多少想法。

听完叶子的抱怨，我不免轻轻一笑，到底还是个孩子啊，凭自己的喜好来做事和待人。诚然，即使她说得都对，阿来就是那么一个人，但这是职场，每个人都有自己生存的规则，只要不违背道德操守，每个人的处世方式都有其合理性。

更何况，阿来并没有他描述的那么糟糕。阿来交际能力确实很突出，他懂得如何迅速地和一个人拉近距离，而且在一些尴尬场合，他总是能以玩笑的方式迅速让气氛活跃起来。所谓的趾高气扬也与他的性格有关，他就是那种乐天派、超自信的风格，到哪儿都会成为关注的中心。这些东西其实是值得叶子学习的。

叶子的三观中，要成为她的朋友就必须是一个正直的人，一个不圆滑之人，一个真诚的人。这些品质固然很好，但每个人都有自己的性格特点和处世方式，不符合这类标准的都不足以成为叶子的朋友吗？阿来的圆滑并没有给叶子带来过直接的伤害，圆滑本身也不是错。

如果反过来，叶子可能也不符合阿来的三观标准呢，那阿来也得讨厌叶子吗？阿来在公众场合或私下里都没有议论过叶子的不是，叶子倒是多次表示她对阿来的讨厌之情。要是按照道德标准来讲，这种背地里议论人的习惯是否也有违原则呢？道不同，不相为谋，但也不是敌对的存在。

在我看来，叶子的三观就不是成熟的三观。她以自己的三观标准拒绝了与她的标准不相符合的人，其实也是把自己身上正缺少的一些东西拒之门外。

像叶子这样只是以自己的标准小打小闹的顶多也是赌气，但要谈及现在网络上各种标榜自己三观正而到处进行网络指责的人，影响就大了。

这种现象在娱乐圈更盛。一会儿在这个微博下骂抢占他人 C 位，一会儿在那个微博下骂侵占歌曲的版权，一会儿是谁分手了是渣男，一会儿是谁谁谁情商超低……好像他经历过那些人经历的人生，亲历了他发生的事情一样。从小骂到大骂，最终演变成了网络暴力。

成熟的三观是不妄议他人的是非，你永远无法在他人的角度理解他所做的选择，不说以你的标准来批判一个你尚未清楚的事件。

而如今，更有一种社会现象是打着三观的幌子，做着道德的绑架。公交车上不让座的年轻人就该遭遇舆论的谴责，但丝毫没有考虑到对方的身体状况；打着自愿的名号捐款，若是没有达到满意的数字还要指责别人没有爱心，却不了解他人已在背后做了很多的付出；望着年纪大一点的大爷大妈在外赚钱，就指责儿女不孝顺，可有时候这是老人家自己的心愿。

站在道德制高点像圣人一样地评判，这样的三观优越感恐怕不仅会令人不舒服，更不是社会所需要传播的正能量。

其实，多数的指责都是源于达不到你三观的标准或是与你三观不合。但这个世界上与你三观完全一致的人能有多少呢？即使是你用一生的幸福做赌注的伴侣也需要用一生的时间来磨合到与你三观一致，更别提其他人。所以，若要强求三观一致就是自找烦恼；若是站在你的三观标准的角度来要求他人符合你的标准，那就是强人所难。

拥有成熟的三观的人是有着自己的底线，坚守自己的处世原则，并能传播正能量的人，是能与志同道合的人畅谈，也能与观点不同的人互相学习的人。他们不以一己的情绪迁怒于人，而能理性对待不同的声音，不盲目，不跟随。他们既无愧于自己的心，亦能让对方感觉到舒服。

我们既要有正确的三观，也要有成熟的三观。

告别松散,向上的过程总是紧绷的

不用早起、不用化妆、不用穿西装……

仿佛周末的时间已经不属于自己,带着从黑暗中逃出生天的喜悦,我们开始懒散,开始放任。当黑暗星期一想要强力将你拉入怀中,你总是拒绝的,然后浑浑噩噩度过两天。

如果不能改掉这种懒散,于我们的人生来说,是最大的浪费。行动力,总是说起来容易做起来难。

人们在谈论一个人行动力强的时候,往往是对一个人极大的肯定。行动力的强弱,直接影响到一个人事业的高度。因为行动力强的人永远在不停地改变,而行动力弱的人总是在等待。

4月,我在关注的公众号中看到有一家五星级酒店的健身会所进行大型优惠活动。因为之前听同事惠惠讲过很多次她有健身的想法,我就把信息推荐给了她。然后,她约我和她到现场一起验证和注册一下,我也就照办了。

由于活动力度比较大,这种健身卡的有效期设定是三个月。刚办卡之后,我就约了惠惠一起去健身,但是她说这个月她有一个重要的比赛,所以让我等她下个月一起。等到5月的时候,她告诉我她接了新的任务,还让我再等等她。

我想着6月总归是没问题了吧,结果她居然说她申请了年假,想好好休息，让我把卡转让给其他人，我只能一个人默默地去坚持了一个月。

前几天，我听她和其他人在谈论健身的事情，让他们在健身的时候拉上她一起。我从旁边悄悄地飘过，反正我是不会再拉她一起了。即使她在我耳边反复重复她要健身，她想减肥，我也会装听不见。

事情多的时候，她的理由是工作需要，所以没有时间去健身；工作稍微缓和一点了，她又找到理由说好不容易休假，得好好放松一下。健身真的和这两者相矛盾吗？究其原因是她根本就没有这个行动力。

健身也好，减肥也好，不过就是她的一个口号罢了。

相反，有的人则是想到之后就立马付诸行动，效果也立竿见影。

小李子大学学的是英语专业，后来去沿海做了外贸。但是她是家里的独生女，家里人希望她能在老家C城附近找一份工作。C城属于内陆，外贸并不发达，小李子并不是很想回来。思来想去，她决定回老家换一份工作从头开始。

她先在网上查找了考取教师资格证的相关程序，在准备辞职的这段期间将考证的相关东西准备好。在教师资格证国考的前一段时间，小李子回到C城直接去参加考试把证拿了下来。之后，她利用老家的关系在一所小学当了英语代课老师。

在这里，她了解到编制对一个老师来说更有稳定性，于是便着手准备考编的相关事宜。当然，这并不是一件容易的事，相当于是一群人走独木桥。小李子也意识到了这件事情的难度，她先是找了以前的同学到师范院校听了一段时间的教育教学专业课，然后在区域内请了一个名师一对一指导授课的方法。由于她大学所学的就是英语，所以专业对她来说并没有大问题，她需要的是提升自己的课堂设计能力。如今，她依然在备考的路上，也不知道未来会不会成功……

回顾小李子走的这几步路，她的每一步行动都是有方法、有目标的，所以能迅速实现自己的转行转岗。她一年就走了别人几年走的路，这就是一流行动力的效应。即使考编不成功，依照她的风格，她也不会留在原地等待，一定会给自己找出路，这样的行动力让她把选择权牢牢地握在了自己手中。

对比惠惠和小李子两个人的行动力，实在是天壤之别。其实想要拥有一流的行动力，就是要敢想敢做。这个做并不是盲目的冲动，而是基于现实的一个基本分析。若是有一定的成功概率或者估计自己能承担失败的后果，那就毫不犹豫地放手去做。若是非得考虑到百分之百成熟，那可能又会错过最佳的行动时机，所以敢于行动的人并非是过于谨慎的人，他们有承担风险的胆量。

而一旦想法落实到了行动，就需要各方面的思考，将自己能得到的支持都用于这次行动的成功，这就是考验自己实力的时候。如果平常多一些储备，就能大大提升行动力的效益。当然，借助外力也是推动行动力的一个方向，不过外力只是辅助，还是要依靠内在的力量，才会有源源不断的进步。

若是抱着明天再开始或者下一回再开始的态度，那行动力基本就不需要培养了。

卢思浩曾在他的《愿有人陪你颠沛流离》一书中写道："没有行动力的计划还不如没有计划；没有行动力的想法等于没想法。"行动才是计划和想法实现的途径，所以即刻行动就是一流的行动力。

是的，如果没有行动力，就让思想按部就班吧。

不彷徨，总有适合自己的路

大器晚成，看着是一种坚持，很多时候更是一种无奈，你要有足够的信心去坚持，更要有足够的勇气去面对。

想起李安，他是成功的，也是幸运的，后来的成绩没有辜负他的坚持。没人能保证坚持过后就一定是彩虹，但人生路上的彷徨却是一种自卑的表现。只要是对的，总要坚持一下吧。

如果真的不适合，那就别再死心眼了，幸运的人就那么几个，我们还要生活，无奈又现实，但我们不曾怯懦。

没有人一出生就清楚自己要过怎样的人生，会走怎样的人生道路。路，总是一边走一边摸索。到了分岔路口，不同的人就走向了不同的方向。有人绕了一圈回到了起点，有人却一直没有回头。无论走的是直路还是九曲回肠的弯路，每个人都有一条属于自己的路可走。

只是在十字路口的时候，我们难免徘徊；在走到绝路的时候，会有失望而已；在找到真正适合自己的那条路之前会有一段难熬的时光。

姨父家的儿子成绩非常差，属于那种老师都已经放弃了，只要求他能在学校平平安安即可的学生。另外，表弟也不爱说话，整个人显得有些木讷。姨父他们还曾怀疑过他是不是智商存在问题，不仅是担心他的学习，对他未来的人生，包括工作、结婚都有担忧。

表弟初中一毕业，姨父就四处托人给他找工作。后来，表弟被熟人带到了沿海一带的工厂里面打工。过年回来，那熟人告诉姨父，表弟在工厂太老实、太本分了，经常吃亏。姨父一听就心疼了，过完年就把他留在了老家。

听说，县城里有一家模具厂招收徒弟，而且老板又是自己的远房亲戚，姨夫就将表弟送到了那里。自从去了模具厂之后，表弟回来的状态都不一样了。他会跟家里人讲在厂子发生的事，会讲老板对他的照顾，会讲模具的制造和运行原理，这个原本木讷的男孩子像突然开窍了一样。

这下可把姨父和姨母高兴坏了，他们不仅经常跑到县城去拜访表弟的老板，而且过年的时候也会把老板请到家里来招待。据表弟的老板说，表弟很乐于学习，而且吃得了苦，什么脏活、苦活都愿意干，连一句怨言都没有，对他也掏心掏肺，什么话都和他讲，什么忙都愿意帮。

接下来的几年，表弟一直都在这个厂子里。由于两家的关系越走越近，表弟也勤于钻研，老板慢慢地带着他出去跑业务，接洽客户。

前两年，老板想转行，就把这个厂子转给了表弟。如今的表弟也是一个模具厂的老板了。过年的时候见他西装革履的样子，还挺像那么回事。

至于姨父很久以前担心的婚姻问题，也根本不是问题。2015年的时候，表弟就在县城里带回来了一个女孩子，现在他们的孩子都已经2岁多了。我还经常调侃姨父，他应该担心的是我的结婚问题。

如今，表弟也算是事业有成、家庭美满了。想想他少年时代的遭遇，再想想他在沿海的工作经历，可能谁都没想到他能过上这样的日子吧。

按照表弟的性格，他可能就是适合学习一门手艺，只是没有人发现他这方面的潜力罢了。模具就是打开他心灵的那把钥匙，一旦找到了他喜欢的东西，他就会全身心地投入进去，在这个领域干出他的成绩。

上帝不会给人绝路，谁都有路可走。找到属于自己的这条路，人生也就通了。

辛迪·克劳馥是世界顶尖级的模特，而她最显著的特征就是嘴角那颗黑痣，但是一开始这颗黑痣差点就成了她的阻碍。

辛迪·克劳馥凭借出众的外表和高挑的身材被模特公司挑中，但要想成为公司的正式模特，首先就是去掉嘴角的黑痣。公司认为这颗黑痣和她那清丽的脸庞并不相称，但是辛迪却觉得这是属于她身体的一部分，并且有它自己的韵味，拒绝了公司要求的辛迪也被请出了公司的模特行列。

后来她应聘的公司也是一眼相中了她的外表和身材，但同样也要求她去掉嘴角的黑痣。辛迪依然坚持自己的原则，结果被留了下来。留下来的辛迪拍摄了一个内衣广告，模特界不缺美女，缺的是能让人记住的脸庞。或许是这颗黑痣让她有了辨识度，人们一下就记住了她的样子。之后，这颗黑痣慢慢就成了她的广告牌，如同观音菩萨的眉心的红痣、二郎神的第三只眼睛，黑痣与她密不可分。

想当初，这颗黑痣如果没有保留，辛迪美则美矣，和其他脸庞也没有什么区别。有了这颗黑痣，也让她走上了自己独具记忆点的模特之路。

有时候发现属于自己的那条路会迟一点点，但它终究会来到；而走在那条适合自己的路上也会遇到一些阻碍，那么你在等待之余还需要有一点坚持的毅力。

不同品种的果树要在不同的土壤和气候下成长才会结出最丰硕的果实，不同的人要走不同的路才能走出自己的风格，希望我们都能走在适合自己的人生路上，结出不同的人生之果。

不计较对错，但判断力一定要有

眼力好的人，运气都不太差。

当我们对自己和环境有深刻的认知，我们便有了准确的判断力。这种判断力总会让我们少走一些弯路。

所谓运气，是一种能力，一种判断能力。

常言道，成败就在一念之间，这个"一念"就是指的判断力。判断力的高下不仅能决定一个事情的走向，更能一局定生死。

古之成大事者，皆有不俗的判断力，在各方称霸的混乱局势下更是如此。

最近我在重新追《三国演义》，以前看此剧注重的是剧情，而这一次更多是关注人物。"运筹帷幄之中，决胜千里之外"，这是形容诸葛亮非凡的判断力。

当周瑜让其10天之内造出10万支箭，明知是故意刁难之举，但诸葛亮却顺水推舟立下3天之内完成的军令状。这一举动是对局势的充分把控，也是对自己能力的一种信任。第3天，诸葛亮率军到曹军水寨前摇旗呐喊，利用大雾弥漫的江面及曹操多疑的性格借得了10万支箭。诸葛亮既判断出了天气的变化，也判断出了周瑜和曹操的心思，才会有这漂亮的一仗。

魏军15万大军围困蜀军在阳平。诸葛亮以一琴坐于城楼之上，打开城门迎接魏军。他料定魏军会心生疑虑，恐城内有埋伏而不敢贸然前进。此举让阳平免于一场灾难，也让蜀国逃过一劫。

诸葛亮种种在危难存亡之际的决定，大多数实现了力挽狂澜。他这种敏锐的判断力并非天生有之，而是源于他对一切的把控能力。他上知天文，下知地理，中识人心，对形势的发展了然于心，这都是日积月累的实力，有了这些做底色，他才能有底气在重要关头做出正确的判断。

我们多数人都并非大将之才，一个决定并不能影响我们的生死或国家的存亡，但在日常生活中，无论大小事都需要我们自行做出判断。一个能准确、迅速而坚定地做出判断的人往往比一个瞻前顾后、优柔寡断的人更能抓住机会。

几年前，公司来过一个在整个行业都有地位的行业大人物。他一般不会来C城这一带，更不会到某一个具体的公司，往往都是在一个集中的地方由各单位派人去听他的分享，这无疑是一个千载难逢的好机会。

当主任在会上宣布这个消息的时候，我们多数人还沉浸在这种意外之喜中，但茵子却已经主动请命去接机，她毫不费力地就得到了一个近距离接触大人物的机会。

接机回来之后，茵子告诉我她已经在车上把自己提前思考的一些问题让大人物一对一指导了，现在的她觉得自己充满了干劲，该做些什么，该怎么去做，似乎都比以前更有条理了。说实话，听茵子分享这些的时候，我在心里还是有些羡慕的。为什么自己就没有争取到这样的机会呢？

临睡前，我收到了主任发给我的信息，问我明天中午有没有时间陪大人物一起吃个饭。天哪，看到这个消息的时候，无数个小鹿在我心里撞是毫不夸张的。明天在席上的是不是都是领导？我会不会全程都没有话说？我一个人坐在那儿应该会有些尴尬吧？我能招架得住临场的提问吗？反复纠结之后，我给的回复是：我考虑一下。因为我想问问其他人有没有收到这样的消息，有没有同事陪着我一起。

第二天，茵子告诉我，她给的答复是：谢谢领导给我这样一个宝贵的机会！我一定准时到场！当我向她说出我的困扰的时候，她感到非常惊讶：你不需要说话呀，听他们说话就是一种学习，领导能问你就不错了。就在我准备向领导回复的时候，她告诉我已经有其他人向她申请了这个机会。

我就这样错过了与大人物接触的机会。现在回想起来，当时的自己实在是太逊色了。吃个饭都无法立马下决定，心里还有那么多乱七八糟、畏首畏尾的想法。相比起来，茵子比我能当机立断得多，也难怪如今的她也已经走上了领导岗位。

只是人的成长有快慢，在经历了一些这样的事情之后，我也慢慢地能在某些事情面前立刻做出有利于自己成长的决定，而且清楚地知道什么是自己想要的，什么是自己果断会拒绝的。

这些改变大体是缘于这几年我在知识和经验上的积累，并且反复提醒自己要克服优柔寡断的毛病。在大小事情上，我都由自己来进行判断，而不再是依赖他人。有时候决定错了，也并不会过度苛责自己，而是从中吸取教训，为了下次更好的选择。有了一些积累和试错后，我的判断力也在逐步增强。

拥有良好的判断力能让我们把握更多的机会，能让我们的生活少一些无谓的纠结和烦琐。当断不断反受其乱，如果你也是一个矛盾综合体，就尝试着像我一样做出一些改变。你会发现跳出原来那个畏首畏尾、瞻前顾后的心理怪圈后，你的人生会突然变得敞亮很多，你的诸多决定也会果断而准确。

努力不妥协，忠于自己的内心

按自己的意愿活着，这是每个人都想达到的状态，但并不是每个人都能实现的状态。有时你想往左走，生活却推着你往右走。

是向生活低头，还是遵循自己内心的声音，这是我们生活的常规选项。

朴树用他半生的时间做了一个必选题——忠于自己的内心。

2017年12月13日，朴树在《大事发声》的录制现场掩面而泣。一首《送别》似乎触动了他内心深处的情感，让他几度无法自控。望着台上这个穿着格子衫、戴着白色毛线帽的大男孩，我的心也随着疼起来。

从来只会遵循自己的内心，却不会表达自己的他着实让人心疼。

早在1999年，朴树就以他的第一张专辑开启了一代人的青春记忆：《那些花儿》《白桦林》等作品皆是唯美的歌词、舒心的旋律。和作品一同走入公众视野的还有这个羞涩的大男孩。一瞬间，他成为万众瞩目的焦点。

但这并不是他所追求的，他想要的是作品。4年之后，他带着《生如夏花》出现在大众面前,再一次引发了大众对这个大男孩才情的折服。

爆红之后,朴树意识到这样的红似乎并不是一件幸运的事情。他选择了逃离,这一消失就是12年。

在这12年里,关于他的故事大体是他生活过得并不如意,甚至曾患上了抑郁症。但他一直清楚的是音乐在他生命中的重要性,他会花几年的时间来雕琢一张专辑,这些作品与名利无关,关乎的是他是否满意。

沉寂了12年之后,他携手《平凡之路》归来。人们听到的朴树依然是12年前那个干净的他,那个能道出人们内心深处梦与想的他。

出道近20年,出了三张专辑,他一直依着自己的节奏。

他的作品依然特立独行,赋予音乐别样的气息。他的声音和歌词一出来,便会戳进听众的心中。这种纯粹是他的音乐的态度,也是他人生的态度。

众所周知,朴树不善言辞,这么多年了,他依然惜字如金。以他的才气在圈子内混个名利双收并不是难事,但他在圈子内像半个隐形人。他这半生也曾与生活较真,也曾被撞到头破血流,也曾失落而迷失方向,但出走半生,他依然以少年的姿态归来!

人们爱的是那个坚守内心的他,也是那个最初的自己。

活出自己的模样,这究竟是一种怎么样的体验。

即使头破血流也决不回头,这样的执着是怎样的勇敢。

我欣赏朴树，欣赏他骨子里对现实的叛逆，欣赏他不向生活低头的骨气，欣赏他忠于自己内心的底气，欣赏他敢于活成世俗之外的样子。

在更多人的眼中，朴树就是一个孩子。

我喜欢孩子开心了就大笑，难过了就哭一场，不乐意和谁玩了就远离，喜欢谁就和他靠近，一切都随着他们的心意。也许显得有些幼稚，但活得真实，无须隐藏，也不会给人带去伤害。

成年人的世界都藏在面具之下。明明心里不喜欢，却要在表面上微笑着夸赞；分明前一秒还在背地里讲着坏话，当着面却像抹了蜜；明明不想帮人的忙，却还虚情假意地伸出援手；明明内心是抗拒的，却碍于情面而勉强答应……在家人面前是一副模样，在领导面前是一副模样，在同事面前是一副模样，在朋友面前又是另一副模样。最终，都忘了自己原本是什么模样。

那些忠于内心的人往往与社会有些格格不入。他们不会刻意逢迎，也不会八面玲珑。他们把自己最真实的一面袒露在外。他们不在意别人眼中的自己是怎样的，但他们清楚自己心中的自己应是怎样。

所以，他们用一生的时间来与自己过日子。

既然喜欢了，那就去爱，与你在一起是因为幸福，而不是因为社会的眼光；既然想做，那就放手去做，哪怕结果不是你想要的，但做过了才知道值不值；既然不喜欢，那就拒绝，你并非是为了讨好他人而存在。

当你能这样做的时候，你会发现人生顿时轻松了许多。你不会时刻猜测你的选择是否有人会不喜欢，你不会担心他人会不会评价你是一个怎样的人，你有了更多时间去实现自己心中所想。

电影《无问西东》中有一段台词："愿你在被打击时，记起你的珍贵，抵抗恶意；愿你在迷茫时，坚信你的珍贵；爱你所爱，行你所行，听从你心，无问西东。"这才是每个人最好的模样。

按自己的意愿活着，难也非难，易也非易，而在于你的选择和坚守。

只要努力，你就是独一无二的

有人喜欢兔子，因为它乖巧可爱；有人喜欢老虎，因为它凶猛无敌；有人喜欢狗，因为它忠诚无比；有人喜欢熊猫，因为它憨态可掬。

每一种动物都有它的秉性，因而成为那样的它们。

兔子做不成熊猫，老虎也做不成狗，它们都在各自的领域自由生长。

动物界如此，植物界也不例外。梅花幽香，牡丹富贵，百合淡雅，玫瑰艳丽，不同的花种有不同的味道，也有不同的人喜欢。

而我们呢？看似两只眼睛、一个鼻子、一张嘴巴地相似，但却在个性上千差万别，也有了每个人的风格。

这本是像自然界一样最正常不过的现象，有了不同才让这个世界如此丰富。但偏偏有人不甘于自己的风格，眼里只有他人的样子，想成为自己眼中的他人。

也许成为那样的他，你会更优秀，更有自信，更招人喜欢。但我们谁都不是谁的附属品，成为他，你也失去了自己。不管那是怎样的你，全世界只有一个这样的你，你也有着他人不曾有过的东西，何必羡慕他人的姿态呢？

相信自己的独特，放大自己的独特，你就是那个不可替代的你。

读中学的时候，我特别喜欢看朱德庸先生的漫画。

但直到很久以后，我才了解到他的成长故事。

朱德庸小的时候成绩非常差，一直以来都被划为差等生的行列，甚至曾经被一个学校踢到另一个学校。这种被排挤的边缘状态让他的自尊心受到了极大的打击，他慢慢陷入了一种自闭的状态。

他把自己所有的委屈和辛酸都宣泄在了画纸上，画下来的都是学校里的故事。后来发现这些画纸的是他的父亲，父亲从这些画纸里看到了孩子的天赋。他并没有阻止孩子的行为，而是鼓励他继续创作下去。在父亲的眼里，儿子虽然对文字比较迟钝，但是对这些图形作品非常敏感。

"我不希望你成为一只烂老虎，但我相信你一定能成为一只好猫。"

父亲的鼓励让朱德庸找到了自己的独特之处，从此以后，成绩的好坏不再是他心中的结。他把注意力转移到了画画上，将主要精力都集中用来创作。他发现生活中有趣的故事，创作那些让他快乐的故事。

25岁那年，朱德庸成了漫画界响当当的人物。

世界上仅有一个朱德庸这样的漫画家。若是因为成绩很差而妄自菲薄，陷入一种无穷的自扰，那就不会有后来他带给我们的那些欢乐，也埋葬了一个天生的漫画家，这是对上天赋予每个人独特才能的辜负。

即使周围的人都不相信你，但在父母的眼里，你依然是一颗闪亮的星星。即使在他人眼里你一无是处，但你一定有属于你自己的内在潜力。你所需要的是忘掉自己不自信的那一面，亮出一个与众不同的你。

天后王菲之女李嫣患有天生的唇腭裂，这在一般人眼里，于父母、于孩子，都是一种沉重的打击。然而，就在不久前，李嫣参加了巴黎时装周的T台走秀，那自信张扬、火力全开的气场一度成了微博的头条热点。网友们纷纷感慨：这简直就是御风而来的女王！这气场足以碾压所有的专业模特！

难以想象一个天生长相不那么完美的女孩，居然有着这样强大的自信和阳光。最根本的原因是王菲和李亚鹏给予女儿的家庭教育是接纳，他们无条件地接纳李嫣的一切，也让李嫣根植于心地相信自己的一切就是最好的。

"上帝给了你这伤痕，我要让这伤痕成为你的荣耀。"

"嫣儿，我希望你长大了以后可以成为独一无二的你自己。"

正是这样的意识，让李嫣完全忘记了那不完美的存在，活成了高姿态的自己。

她和许多"00后"一样在网上开启了直播，大方玩起了自拍和模仿秀，并展示自己的美妆技巧；学画画、学芭蕾、弹钢琴，怎么舒服怎么来。她曾说"关注我，一定让你变女神""菲姐的时尚只有我能跟得上"，很难相信这是一个9岁女孩在公众场合能说出来的话。

如果说从她出生开始，所有人的目光关注的是她是天后的女儿，是王菲和李亚鹏一直给予她接纳自己的勇气，那么如今，李嫣已经完全靠着自己的个人魅力吸引着大众的目光，她的自信是从骨子里散发出来的：

我就是我，我的存在就是完美的！

这样的人生多么恣意潇洒！无论我们是怎样的出身，我们走的路有多么地艰难，我们在他人的眼里是怎样地不完美，那都不影响我是谁。

从出生的那一刻，就注定了你在这个世界上是唯一，在真正爱自己的人的眼中，那些所谓的缺陷也是完美的。做好你自己，你值得所有人偷偷地喜欢你。

Part 6

努力的每个早晨，都很新鲜

　　喜欢早晨醒来充实的感觉，昨天没有虚度，又是值得期待的一天。我靠努力装点了岁月，不曾虚度，这是最好的时光；不论成功与否，我们都很踏实，这是努力的快乐。努力虽然不是轻松的，但努力过后，我可以是放松的，犹如我轻描淡写的这段文字。

永远年轻，永远热泪盈眶

"永远年轻，永远热泪盈眶"，这句话，让我很自然地想起了前几年认识的一位"大姐姐"Wendy。如果问我生活中有没有佩服的女性，她当数第一个。

有些人不开口说话，你便永远无法探得她的秘密。她也一样，若不是亲口告诉我她的故事，我也无法得知她是一个怎样精彩的人。

前几年因为工作上的一些往来，与她熟知。

那次因为项目上的一些事情，需要最后一步落实敲定。老板临时有事，委派我去跟Wendy交接。现在想想，幸好我去了，才有机会挖掘出那么精彩的故事。

我带着合同，去了她的餐馆。那会儿正好赶上午餐点，她很热情地招呼我，请我尝尝越南菜，边吃边聊。也正是那顿饭，让我了解了"背后"的她。

说她的故事前，想讲一句话：有些人30多岁，但早已活成了"柴米油盐"50多岁的模样；有些人50岁，却依旧年轻，让外人根本看不出她多大年龄。

Wendy属于后者。

她50岁的年纪,但她的外表,一点也没有出卖她的实际年龄。精致的妆容,齐耳的头发,年轻的笑容,在她没说明之前,我一直以为她只有30多岁。她告诉我她的年龄后,吓得我赶紧喝了一口白开水,因为不可思议。

她脸上没有被岁月侵蚀的痕迹,更没有柴米油盐的味道。如果说她是32岁,也一点都不为过。年轻的心态,全显示在她脸上。

我问她怎么保养的,她说爱情的滋润呀。很显然,这是她幽默的一句玩笑话。但除了有一层玩笑意味之外,也可以当真。

因为她50岁的年纪,却并没有结婚,而且她的男朋友还是她的初恋。我更加讶异。

她说与初恋也并不是一直在一起,中间分开过,只是后来又"阴错阳差"地走到了一起。

如果说家人会是自己婚姻路上的"绑架者",那她就是那个勇敢打破传统的人。因为她不在乎流言蜚语,不在乎别人说她"你都那么老啦,还不嫁人"之类的话。她只在乎自己怎么活得开心。

生活里的强者一般都能让自己开心,因为她有足够的能力去那么做。

虽然她早早辍学出来工作,但后来通过自己的努力,自考了大专与本科。她用心工作,给自己的事业亮起一道道绿灯,畅通无阻。

话里话外我都表示很敬佩她,她笑着跟我说,你还这么年轻,一定会活得更精彩的。

是啊,我想了想自己,依旧年轻,依旧有活力,要活得更加精彩才是。

Wendy 虽然 50 岁了，但你看着她就如同看着天上的朝阳，绚丽夺目，永远保持着年轻的状态。

而如今，遇见不开心的事情，想丧的时候，总是会想起那个时候的她。然后告诉自己，无论何时何地，都要有一种拼搏的心态，向着心里那个梦想的彼岸，一点点靠近。

回过头想想我们，如果发生了一点什么不如意的事情，就会颓废到极点，一蹶不振。在流言蜚语上更是如此，非常在意别人的看法，好像别人的话，会要自己的命一般。

其实大可不必，毕竟人生还是自己的，过于活在别人的世界里，只会让自己狼狈不堪。

认识一个朋友，她也如同 Wendy 一样，活得很洒脱，不在乎任何人的看法，只做独一无二的自己。

朋友在工作、生活中，都是不拘小节那一种，永远不会跟别人斤斤计较。做起事来很畅快，不会拖泥带水，在生活上也乐于助人，所以她很受大众喜欢。

她爱好读书，也爱旅行摄影。几乎每年会去一个地方，每去一个地方都会遇见三三两两的新朋友，身边永远有不少新鲜事。大家都爱围着她转，因为她总是能说出一些别人不知道的事情，每天都有不同的精彩被挖掘。

如果你想遇见一个有趣的人，那么她就是那个你一定想遇见的人。

生活就是，不管它多无聊，你得"有聊"，才能活得有趣味。

至于那份趣味,就要靠自己用心去挖掘。

什么是永远年轻?什么是热泪盈眶?

当困难来临的时候,你要有战胜它的勇气,并且时刻告诉自己,你可以;

当别人在你面前闲言碎语满天飞的时候,你要有漠然的心不去计较;

当生活摧残你,你要有绝地突破的信心,保持满满的元气,与之抗衡;

……

只有做到这些,你才会炼成生活里的"不倒翁",烦恼会远离你,快乐会紧随你,年轻的光芒也会永远照耀你。

余生不短也不长,但愿有限的岁月,能让你的青春绽放无限的美。

优秀,就是用心做好每件事

世界上的人那么多,很难衡量一个人优秀与否,但每个人又渴望得到世界的肯定与认同,这就矛盾了,我们需要被肯定,就像很多心事重重的朋友来找我一样。

他们付出巨大的努力,有时候却得不到相应的肯定,失落、颓废、不快乐……所有的情绪都来了,我只想告诉他们:优秀就是用心做好每件事，用心了，自己肯定自己就好。

每天上班的路上，我都会途经一个早餐小吃店，因为便利，我每天的早餐几乎都会在那里解决。

一来二去也就留意到了一些细节：老板总是很热情，永远笑眯眯的，给你装豆腐脑的碗，永远洁白发亮，桌子上也比其他小摊小贩家干净整洁。他家的豆腐脑和蛋炒饭，做得很别致，吃到嘴里，就能把你融化掉。

每次在他家吃早餐，心情都格外好，因为他家的早餐口感好，收费也合理，所以在他家吃早餐的人很多，每天都几乎没有空位子。

有次结账前没忍住，问他，老板，为什么你家可以一直保持这么干净呢？你家的东西为什么一直这么可口呢？毕竟一直长久保持一件事情，是很累的。

他笑笑，说养成习惯之后，就不难了。最后那一句，他好像就是说给我听的：年轻人，把某件事情养成习惯之后，做起来就轻而易举，你也可以的。

后来想想有几分道理，优秀其实是一种习惯，那种习惯就是自己在日常生活中无形中养成的。

当你专注地把一件小事做好时，其实你也离成功迈进了一大步，成功就是无数个优秀的小习惯积累在一起形成的。

记得有一次跟朋友一起去买包，逛到一家店，那家店是小众品牌的包包，独立设计师设计的。本来一开始跟朋友是没打算进去的，但被店里的一个小姑娘的动作所吸引，我们两人就一起进了店。

那个姑娘专注地擦拭着每一个包的表面,不放过每一个细节,看到我们前来,才收起那副严肃专注的脸,笑脸相迎。

她对每款包包的设计理念都非常清晰,每款都能讲出个一二三来。本来朋友是没打算买的,但被她的热情和专业态度所感动,一下子花了 8000 元,买下了一个"蟒蛇皮"的包包。

结账的时候,她很仔细地包装着包包,生怕它有一丝闪失。其实这对客人来说,也是一件很开心的事情,因为这细节,能令客户感觉到自己的钱花得很值。

后来闲聊当中,才知道她是这家店的店长,来的第三个月就被从员工提拔成了店长,本来店里是不要"空降兵"的,但她的表现很优异,所以给了她一次机会。

有时候你真的不得不承认,机会是留给有准备的人的。你看似不经意的举动,其实别人都在暗处清清楚楚地看着你。你现在的每一个细小的动作,都关乎着你的未来。

不管你从事什么工作,不要怕麻烦,把每一件细小的事情做到极致,就是对自己未来最大的肯定。

关于细节那些事,还有一件我也记得很真切。

2017 年春节期间,我发现有件棉袄有点裂缝,影响美观,穿着不合适,扔了又舍不得,于是把它拿去附近的一家裁缝店修补。

店主 60 多岁,是位阿姨,戴着老花镜在工作。我把衣服坏了的地方告诉她,并且告诉她应该怎么怎么连接,才能达到以前的效果。

要是换成别的裁缝,估计不会甩我,毕竟他们才是专业的,用不着一个外人来说三道四。但她很耐心地听我把话讲完,并且在最后才给出自己的建议，应该怎么弄，效果会更好。

因为她说话的方式令人很舒适，我二话没说就答应了。她说第二天下午可以来取衣服。

没取衣服前，我心想只要看不出太多修补的痕迹就行了，毕竟裂缝那个地方很难还原成原本的模样。

但我去取衣服的时候，发现阿姨的手法简直太神了，几乎看不出来一点点修补的痕迹，跟原来没有区别。我说阿姨您真是厉害，她说做了几十年裁缝，天天重复做一件事情，想做不好都难。

确实如此，人一辈子重复做一件事情，只要认真细致，就一定能把那件事情做得精致。其实人生也是如此，不管是做什么，只要一心一意去对待，就一定能做好，并且能给你带来某种程度上的成就感。

优秀并不是指你从事的职业有多么伟大，而是在于你能把你手上的每一件事情完成得精确无误，让自己问心无愧。

没有梦想，灵魂会失去重量

过去，我很少谈梦想。

不着边际地描述未来，让我有点抵触，但当我看到很多奇迹之后，我终于了解了梦想的真名字：

一个努力的灵魂。

说到梦想，我很自然地想起早前看过的一部电影《我是路人甲》。因为那里面的人，个个都是怀有梦想的。他们年轻，他们敢闯，虽然都是底层的小人物，却因为有梦想变得格外可爱。

里面的男主角更是可以放弃一切，说服他的家人，不顾一切去追逐自己的表演梦。住最廉价的房子，吃最廉价的饭菜，天天蹲守在横店门口，就为得到一个小角色，哪怕是一个小小的群演，都会格外珍惜。

虽然很辛苦，但他也很幸福，因为有梦想，可以朝着自己的梦想去努力，心里充实，不会觉得空荡荡。

面对阻隔重重的困难，他那句话尤显可爱："尝试了，哪怕不成功，我也不会让自己后悔。"

面对梦想，只要去试了，尽力了，就不会后悔，哪怕最后你期待的东西它万般捉弄你，只要你尽力去待它了，自己就不会有遗憾。

其实我们不也是这样吗？我们跟他一样，也有梦想。只是面对梦想，有些人有勇气追逐，而有些人只能在脑海里想想罢了。没有梦想的人，一生都是浑浑噩噩不快乐的，得过且过而已。

有些人远走他乡，追逐自己心中的梦想。有些人为了短暂的舒适，逃避梦想。

至今都不能忘记《月亮与六便士》里高更的桥段，高更为了追逐自己画画的理想，放弃光鲜的工作、美好的家庭，只身前往远方，租住在一个廉价的破旅馆里一心作画，两耳不闻窗外事。

人到中年，忽然开窍，明白自己的梦想就是画画，这是多么难得的勇气。他要背负社会的数落、家庭的指责，换做多少人，都会被现实吓退。

可梦想坚定的人，大多不会被吓退，因为懂得人生只有一次，既然决定，就再无回头路。梦想可大可小，大一点可以上到国家层面，小一点到家庭个人层面。但不管是何种梦想，选择了就不要放弃。

曾经有一次去山东出差，因为早晨时间太早，叫的滴滴无人接单，只好在路边拦了一辆的士。一坐下，就看见了师傅疲惫的脸，看他那样，应该是一宿没有睡觉，夜班。

怕他会睡着，途中我一直跟他聊天，聊天间得知他是一个破产的煤矿老板，为了求生计养家糊口，不得不跑起了出租车。聊及他的以后，他说先要给家人稳定的生活，再东山再起。虽然过程会辛苦一点，但是他不怕，家人可以给他足够的安全感，让他继续逐梦。

他往后的路，毋庸置疑，会很辛苦。但也只能在下车的时候，默默祝福这位师傅一切安好，毕竟有梦想的人，都应该被真诚祝福。

梦想也许不一定实现，但是尽力了，就无悔了。

身边的一个朋友，也是为了实现自己心中的小理想，一直在努力。她的理想是当一名在舞台上大放异彩的讲师。

其实她说出来之后，虽然我们嘴上一直在鼓励她，但打心底里还是嘲笑她的。就她那样当众说话会脸红，遇到重要的场合总是磕磕巴巴的，没人会把她的梦想当回事，也就当看个笑话。

但执着的人不会管别人的看法如何，只会遵循自己的内心。为了当上讲师，她真的是拼了。

她找了一家演讲公司，从底层做起，当客服小妹，天天接各种电话，被人使唤来使唤去。待在那里的时间长了，也能耳濡目染。

为了克服自己害羞的毛病，她试过很多种方法，去大街上跟人聊天，参加各种能露面说话的活动。

后来她当上讲师助理，也是天天忙前忙后。做完白天的工作，每天会从公司打印一沓资料回去背诵。白天站在台下仔细观察老师的作风做派，连一个姿势、一个尾音她都会记在自己的脑海里。晚上到家打开演讲视频，一遍遍模仿别人的台风，对着镜子练口型、看姿势，让自己独成一派。

她花了3年的时间，当上了公司里的金牌主讲。有一次她邀请我们去听她的演讲，她上台手握话筒的那一刻，我们便知道她早就不是当初那个连说话都结巴的女生了。

我听到边上有人说，她就是天生为舞台生的。如果不是认识以前的她，或许我也会这么认为。在她身上我明白了，没有什么天生，只是天生后面的1万次练习而已。

想必这对你们的梦想来说也是一样，只有一次次不断地去尝试，你才能自己创造拥抱梦想的机会。

梦想面前少一分怀疑，少一分焦虑，多给自己一分肯定，想必你也一定可以给自己的梦想插上翅膀的。

不计较得失的脚步，永远是轻快的

成功是什么？

得到？拥有？收获？都不完全对。没人能给成功下一个准确的定义，我也一样，但我却知道在通往成功的路上，应该是怎样的姿态。

大学毕业，跑了一段时间的业务。初入此行，感觉很累，不光是四处奔波，还有心理落差太大，遭受的拒绝太多，有点想退却了。我太看重得失，这让我苦不堪言，在工作1个月之后，我还是辞职了，也学到一个道理：太过计较得失，你的脚步总是沉重的。

此时，我想到一个人。

"住进布达拉宫，我是雪域最大的王；流浪在拉萨街头，我是世间最美的情郎"，这是藏族的一代传奇仓央嘉措的诗。

而事实上，他的一生就是这首诗的真实写照。

仓央嘉措，原本出生在西藏南部村落的一户农奴家庭。后来，他被当时的西藏摄政王认定为五世达赖的转世灵童而进入了布达拉宫。一个小村落的孩子进入最高的权力中心，并将站在权力的制高点，这对很多人来说无疑是命运的极致改写。只要成为达赖喇嘛，他就将接受万人朝拜，受尽崇敬。那个位置是多少人想坐却不能坐的。

然而王位的得到也意味着他永远地失去了自由和爱情。在入选达赖之前，他曾有一个青梅竹马的意中人。但这种爱情严重违反了清规，于是，在得知仓央和意中人约会之后，寺庙不仅用严刑处置他的贴身喇嘛，还将他的意中人秘密处死了。对一个骨子里有着浪漫情愫的少年来说，这是他心底最深的苦，然而这就是他不能远离的宿命。

在他拥有至高权力的那一刻起，他的一生都将在这笼罩着宗教气息的天地里学经修道，无缘那人世间最唯美的爱情。

所以，在仓央嘉措的诗句中，我们能读到那些悲怆的字眼或寄托——"第一最好不相见，如此便可不相恋；第二最好不相知，如此便可不相思"，爱而不能，爱而不得，这是他永恒的失去。

得到，对他来说是幸还是不幸呢？得到了一些，也失去了一些，这就是人生的一种平衡。作为一个雪域之王尚且如此，我们每一个普通人在生活中其实也遵循着这样的原则。

有时候，我们并不是得到越多就越幸福。相反，得到其实也是另一种失去。

大学毕业之后，有人选择工作，也有人选择考研。选择工作的人得到了更多的工作经验，却失去了继续进修的机会；选择考研的人有了继续深造的机会，却相对而言少了一些工作经验。我的朋友中有不少是老师，很多都选择了在本科之后继续研修，但等他们3年毕业之后，发现那些毕业之后直接工作的同学有些已经成了一个小学的学科带头人。但一些工作的人却想重回校园读书，因为3年的积累能让他们的专业知识更经得起考验，也能让他们有底气走得更远。各有所得，也各有所失，就看我们怎么选择。

30岁左右，我们开始褪去那些稚嫩，显示出成熟的样子。我们不会因为什么事情而轻易悲伤或万分欣喜，我们也不会有很多失态的模样，我们的生活被我们安排得十分有序。我们能买得起自己想买的东西，能去我们想去的地方，能看一场我们想看的演唱会，一切就是我们小时候想象的状态。可是，我们却从内心深处感觉有一些不安，有一些不快乐，因为我们把真实的自己藏在了背后。

这样的我们不会像小时候那样为了追一只蝴蝶而跑去几公里以外的田野，也不会为了一个冰激凌顶着烈日去小卖部；我们也不会像最青春的年纪时那样为了所爱的人不顾一切冲向他所在的城市只为了一个不期而遇的惊喜；更不会因为收到一份花尽心思制作的手工礼物而写下一段"感天动地"的文字；我们不想再像学生时代一样骑着自行车远行，拍下一些完全没有修饰可言的照片……

是的，我们得到了稳定的生活，有了去争取自己想要的一切的能力，却失去了一颗敢于闯荡、敢于浪漫的心。我们看似幸福、快乐，却没有了孩子那样灿烂的笑容；我们似乎拥有了许多的朋友，但能在深夜里彻夜长谈或静静陪伴着你的却寥寥无几。我们好像长大了，却又想回到小时候，就像我们过上了小时候羡慕的生活，但又怀念那段纯真的时光。

生活就像一个容量恒定的口袋，往里面装入一些东西，你也必定需要从里面拿出一些东西，这个口袋才是完好的。这一生，我们得到的会以另一种方式失去。或许，我们失去的也正在以另一种方式得到。

也许，这种有点禅意的故事不应该在此书中出现，距离努力的主题太远，但我知道，努力不光是外在的强大，更是内心的强大。

在每个黑夜到来之时，学会微笑

在每个黑夜到来之时，学会微笑。

看到一个新闻，父母得了重病，儿子面对压力在没人的地方痛哭，我想到了很多，也想到了这句话，并没有别的意思。困难，对多数人来说，都习以为常，但痛哭过后，还是要面对的，不如微笑。

也许，你认为我说得轻巧，但不这样，又能如何？

老头65岁了，捡垃圾为生，经常在我们小区门口晃悠，见的次数多也就熟悉了，后来得知他也住在我们小区里。他看上去面目慈善，我对他的印象一点也没有因为他是捡垃圾的而不好。

老头挺健谈的，还很幽默，常常聊起来就没完没了，也不知道他哪来那么多话，我说，你捡垃圾还能聊出这么多人生道理来。

老头看着没什么文化，除了面善，你也不能把他与"高知分子"联想在一起，因为他毕竟成天与废品为伍。其实啊，他在他们那个年代，是个高中毕业生，也是一个地道的爱好文学的人，写过很多诗，也写过小说。

据他自己说，当初因为写诗，好多姑娘喜欢他，排队跟他表白，唯独他喜欢的那个长辫子妹妹，不对他表白。

那个长辫子妹妹喜欢隔壁班的一个男生，后来那个男生转学，她也跟着一起走了，再也没回来。她走的那天，下了很大的雨，老头偷偷在她后面跟了一路，直到她后来上了班车，追不到了，才罢休回家。

不过老头后来一直没娶，他终身没娶，或许是因为那个长辫子妹妹，或许不是因为她，具体原因他没说。

老头后来下放农村当知青，也不忘记保持看书的习惯，每天都有枕边书，睡前一定要读上2个小时，才会熄灯。

后来回了城市，参加了工作。他又因为一场意外的车祸，被夺去了右手。所以你能看到他右边的衣袖里是空荡荡的，风一吹，衣袖就左右摇摆。

老头说两句就嘬口烟，缓口气接着说，说两句就问我要不要也来一口，我说我不抽，烟这玩意儿，不喜欢的人就觉得它对身体不好。

没了手，接着就失去工作了，单位给他赔了一笔钱，把他轰了出去。他就用那钱，买下了现在的房子。

那阵子真丧气啊，天天睡醒了喝，喝醉了睡，白天黑夜分不清楚，有时醉得厉害了，连床都找不着，直接倒在地板上就打起呼来。

差不多持续了15天,他忽然觉得自己再这么下去就真的废掉了。没人心疼自己,自己得心疼自己啊。

大概在家闲待了1个月,他打算出去找点事干,忽然又想到自己没手,又开始伤心,但这种伤心只持续了几秒,他就振作了起来。他说他还有左手,可以写字,可以写诗。

但是现在却不比过去在学校那会儿,他写的诗词很难赚到钱。于是他又寻思别的,有时候出门看见路上躺着的瓶瓶罐罐,觉得既浪费也影响环保。他就索性开始捡起了这些,积攒到一定数量,就拿去卖了。

我问老头你寂寞不寂寞啊,没有妻子又无儿无女的。他说寂寞啥哟,我有儿子啊,儿子陪伴我挺好的。

他说的那个"儿子"是他养的一只流浪狗,是他从外面捡回来的。他说在街上看到那条狗,竟然觉得跟自己有几分像,他马上就把它带回家了,一养就是5年。那狗对他绝对忠诚,也是他最忠实的陪伴者。

老头跟我说,你要是爱看书的话,不用花钱去买,来我家借阅就是。所以我去过他家几次。

外表不怎么样的"糟老头"家里挺整洁的,看不出来是一个人住,也看不出来是一个男人在打理这些日常的琐碎。

他有一个专门的书房,里面的书大多都很古老了,但是书很整洁,没有褶皱,想必他是真的爱书,才那么用心地对待它们。

他过得挺快乐的,每天看看书,遛遛狗,心情好了去捡捡垃圾，他说他一个人，一人吃饱全家不饿，也不用花很多钱，不用那么拼命地捡垃圾。

老头跟我说，他现在偶尔会想起那个长辫子妹妹，不知道她过得怎么样，有时想给她写书信，后来想想还是算了，别打搅人家的生活。

他65岁了，看透了一些东西，也活透了。苦过、累过、痛苦过，也平静过。他说，剩下一条流浪狗，陪他到暮年，他已经很知足了。

当你认为生活应该是光鲜亮丽的，你是不幸的；当你认为生活是能够包容的，你才是幸运的。

困难，看开之后，努力就好。

在艰难的日子里，也要乐观

表弟辞职了，我在听他说他的苦难史。

"工作不被认可，人际关系紧张，女朋友也分手了，生活老是出现一些意外，我已经受够了。"他无奈地说。

工作和生活的压力，让他在这个年纪就学会了唠叨，我很无语，我也不想给他教条，只是说："如果感觉实在不好，就换个城市生活，你看如何？"

"搬家真是太麻烦了，人生地不熟的。"

"失败是痛苦的，但为何你丧失了开始的勇气呢？"

他不再说话,第二天去了新的城市。

一件事情可以一分为二地看,每个人想法不同,事情的结果也自然不同。

在乐观者的眼里,希望是北极星,能指明夜行的人前进的方向;而在悲观者眼中,希望是地平线,就算在眼前,却永远不能到达。

在乐观者看来,风是助航的伙伴,能把人推向想去的远方;而悲观者却认为风是前行的阻力,只会让船停留在大海漂泊。

乐观者认为生命是花,即使凋谢也能化作春泥来护花;而悲观者却觉得花败之后便一无所有。

……

在生活中,你是前者还是后者?两种不同的想法给人两种不同的心理暗示。这不同的想法其实就注定了事情不同的开始,因为乐观者已经准备好了以积极的心态去面对即将发生的一切。

"莫听穿林打叶声,何妨吟啸且徐行。……回首向来萧瑟处,归去,也无风雨也无晴",这是著名词人苏轼因为"乌台诗案"几乎送命被贬黄州之后所作。写这首词的时候,苏轼一行人出行遇雨,皆被雨淋得很狼狈,而苏轼却有这样的心态,这与他这一生的经历密不可分。

这个宋朝的大才子首次出川赴京考试便声名大噪。正当他大展身手之际,却两度回乡奔丧。为官期间,因正直的性格与官场风气不合,数次遭遇贬谪:曾自请出京到任杭州通判、湖州知州、黄州团练,流落儋州、贬至惠州等。

但无论什么原因，被贬谪至何地，这位才子始终能在那个地方找到他的价值。在凤翔，他虽然是一个小小的签判，却盘活了民间经济；担任徐州太守，他组织全体百姓修堤抗洪；贬居黄州时，他筹集民间善款救活了一大批弃儿；到了落后的海南，他将自己所学的医学、农业知识传授给当地百姓。

……

在文学上成就如此突出的他，也能取得如此出色的政绩。不仅是他到任何一个地方都能坦然接受，并能在艰苦的地方找到一些乐趣，更重要的是他在自己任职的每一个位置上都能把每一份工作细致地做到位。在任期间，每一个关乎民生的事情，他都是亲力亲为，从不懈怠。凭借乐观的心，去做谨慎的事，让他安于当下，并充分展现了自己的才能，也实实在在给予了他人帮助。

乐观的心态能让我们保持行动的热情，而谨慎的行动力能确保事情的发展。

这一点在商业发展上也有很好的体现。

2017年，在中国汽车创业投资峰会上，车讯互联总经理李小宁在演讲中说道，他对于新能源汽车前景的态度是乐观而谨慎的。乐观源于有不少人的大力支持以及车企本身在新能源方面的突破，而谨慎则是我们的新能源汽车能否去代替传统汽车提供的便利性、方便性与安全性等。所以，在进行产品推广的时候，他们把每一个环节都考虑得很细致：不仅提前了解用户的需求，站在消费者的角度去考量和考核问题，而且投资了一些新的器件，应对技术的变革。

正是以乐观的心态去看待这个行业,以谨慎的行动力落实在自己的产品上。车讯互联在 2008 年成立至今 10 年的时间里才能不断有新的突破,立足汽车产业变革带来的机遇,推动企业创新性发展。

当然,所谓的乐观并非是盲目的。当年关羽大意失荆州便是因为骨子里过于乐观而轻视了敌人;而《阿 Q 正传》中的阿 Q 把乐观当成了一种自我安慰,陷入了自己构筑的精神幻想中。我们可以拥有乐观的态度,但在回到现实的时候,更应一步一个脚印去实践。

而过于悲观的谨慎则可能给我们一些限制。它让我们放不开手脚,陷入一定的思维局限中。这种过于谨慎有时可能会让我们错过一些新的想法、新的经历。

乐观地想,谨慎地做,二者是相辅相成的。

心态不妥协,终会有不一样的精彩

虽然我们不愿意,但大多数人都在对生活妥协。

并非说一条道走到黑就是英雄,但是精神上的不妥协,会给我们不一样的精彩。如果我们处处都选择妥协,那么将来便会无路可走。

每个人一出生,有太多东西是我们不能选择的:我们选择不了出生在什么样的家庭，我们选择不了自己的模样，我们选择不了接受怎样的启蒙教育……但是我们能选择的是，成为怎样的自己。

近段时间，世界杯的消息刷爆了微博。我不是一个足球迷，也很少去了解这方面的消息，但是我的室友却是一个十足的葡萄牙迷，而把她迷住的是巨星——C罗。葡萄牙足球史上最佳球员、世界足球先生、欧冠最佳射手，这些确实是耀眼的荣誉。然而成就C罗的，是他一步一步向梦想靠近的不妥协的人生态度。

C罗家境并不富裕，在他出生之前家里已经有了两个姐姐和一个哥哥。父亲是一名园艺工人，嗜酒如命，哥哥曾惹上毒瘾，他的母亲为了让自己的孩子们能吃上饭，只能拼命地工作。C罗热爱足球，但他的老师曾无数次让他放弃足球，回归现实。当他因为自己极高的天赋被人看中被带到更大的地方踢球时，却屡屡被他的伙伴嘲笑他的乡土口音及一些乡土习惯。

就是在这样恶劣的环境下，C罗说出了那一句如今得到印证的话："等我成了世界最佳的时候，看你们还会不会这样说我。"

是的，无论谁取笑他怎样，他都始终在让自己成为更好的自己。在球队，他是一个不折不扣的"训练狂"，一直练到球场上只剩下他一个人。即使后来进入了一线球队，他也一直保持着魔鬼式的训练。

但并非所有的努力都能有如愿的结果。在赛场上，C罗一次又一次接受非议和质疑。在他22岁成为葡萄牙队的队长之后，球迷甚至指责他的领袖气质与梅西相差甚远。而在2010年世界杯的"口水门"之后，他更是被推上了风口浪尖。然而，他一直在坚持着自己想走的路，保持着那一颗想成为世界第一的雄心。

2014年，他带伤上阵，想让自己离梦想更近一点；2016年欧洲杯，他和他的队伍绝处逢生一路杀进决赛；2018年，他背水一战，留给了世界一声叹息。

赛场上的输赢一直都在变化，然而不变的是C罗眼神中透露出的对胜利的渴望，是他身上那股桀骜的气质，是他那永不服输的精神。

英雄迟暮又如何，那颗不妥协的心永远留在了世界杯的赛场上。

从角落里的贫苦小孩到足球史上的超级球星，C罗的一生掌握在他自己手中。其实我们每个人都有创造自己生活的可能，每个人都可以凭着一份执着过上一份自己想要的生活。

因为有太多时候，我们都生活在自己的意愿之外。为了车子、房子、家庭、事业，我们隐藏了真实的自己。慢慢长大的我们，在现实的旋涡里渐渐失去了对梦想的追求。我们可能更多地过着按部就班的日子。然而：

工作就意味着一定要放弃自己的梦想吗？

成为成年人之后就一定要牺牲自己的个性吗？

不沮丧，时刻保持对世界的热情

我尝过沮丧的滋味，那是努力后，对结果的不满意。

很失落，瞬间，整个人成了自卑的代名词，所有的想法和行动都消失了，只想妥协。热情？不存在的，有的只是瑟瑟发抖的内心，不敢进行任何尝试。

一个从小辍学的朋友笑我："你们文化人就是想得太多，不行就再试试，实在不行，就算了，别把别人的想法看得那么重要！"

我无语，他说得没错。

读大学的时候，我住的寝室楼下有一个大的广场。每天晚上6点30分左右，都会有一个男孩拉着一个音箱在这儿进行英语演讲。第一次见他来这儿演讲的时候，我非常诧异，居然有这么厚的脸皮。因为在我听来，他那口语并不值得在大庭广众之下传播。

后来才得知，他并非是为了展示，而是为了训练自己的口语能力，并且想通过这样一个平台吸引更多的志同道合者。

起初，多数的人会在一旁围观，并给予一些鼓励性的掌声。慢慢地，竟然也有人愿意和他一起演讲。不管是一个人还是有人陪着，这个男孩站在那儿始终镇定自若、充满激情，仿佛想使这演讲中的一字一词让更多的人听见。

那一年的时间，他几乎都会在同样的时间出现在同样的地方。

可能是因为他的口语越来越流利，可能是他站在那儿的气势越来越强，有的时候，我居然会感觉他在演讲时整个人都在发光。

这一年里，他成立了自己的英语演讲小队。并且也是因为这样的坚持，他与学校的外教结识并成为好朋友，得以经常互相交流语言。

一年的时间坚持做一件事情，而且并不是那么趣味性的，甚至是需要勇气的事情，如果不是打心底里热爱是坚持不下来的。而多数人都会"三天打鱼，两天晒网"，他居然能长期有这样的热情，实在令人心生敬佩。

听说这个男孩毕业之后成为一个大型英语培训机构的讲师，这个机构招聘讲师的一个重要条件就是拥有激励人心的能量。的确，作为一个讲师，若是没有激情，谈何来影响自己的学生呢！男孩先拿出了他的热情，机构也给予了他留下来的热情。如今想起他站在广场上慷慨激昂的样子，我便仿佛充满了动力。

对你所爱的事物充满热情，无论你的起点怎样，它会引你找到前行的路。因为热情本身就是一种能量。

也是因为他的缘故，我对演讲有了一种特殊的记忆。但凡有演讲类的节目，我都会关注。后来我关注到了 TED，就是由全世界各领域最有思想的人来做一场不超过 18 分钟的演讲，这应该是最受欢迎的演讲节目。

我发现，演讲人不管从事怎样的工作、是怎样的身份，只要站上那个讲台，就像是打了鸡血，他们所说的故事总能让我有一种强烈的代入感，为他们而热血沸腾，让我浑身都燃起了对生活更好的希望。

我相信为了这次的演讲，他们一定把演讲稿排练了无数遍，但正式演讲时为何没有磨去他们的激情，反而仍像第一次讲那样感染着观众？而同样的一个东西我从来不愿意讲第二遍，就算是给人做培训，第二遍的效果也会大不如第一遍。

我的行业偏偏就需要重复已经讲过的东西。为此，我常常苦恼，也想过强制自己充满激情来表演，但收效甚微。某次培训过后，我得一位经验丰富的培训者指点，他告诉我，我的不愿意重复是因为我内心缺乏热情，如果我坚定地认为我所讲的东西是好的并且想把这种好传递给更多的人，就像买到了一件新衣服或者是发现了一家美食店那么急不可待地想分享，热情自然就来了，感染力也会有了。

我仔细揣摩了这些演讲者，他们的确是高度认同自己所讲的东西，浑身上下都散发着热情和热爱，需要观众和他们一同分享。

这之后，我就把相信自己所讲，并热爱自己所讲当成是分享秘诀，果然在培训的过程中更有动力，仿佛整个人都格外有精神。

其实不光演讲或培训这个事需要热情，很多的事情都是如此。

对一份感情没有了热情，那么就会归于平淡，没有了仪式感的恋爱或婚姻生活多少会少了那么一些浪漫；对一份工作没有了热情，就会缺乏动力，最终变成毫无创造力地上班和下班的谋生之路；对自己的生活没有了热情，那么就会得过且过，渐渐失去对生活的信心。

有了热情，才会为他人制造一些小的惊喜；会给自己的工作多一些创新的思考；会给自己的生活增添一些小的仪式。有了这惊喜，能让他人感受到更多的幸福；有了这思考，能让自己为工作多尽一份心力；有了这仪式，能让自己成为一个爱生活的人。

有了这些，你就拥有了能量源，不会对周遭的一切失去信心。

这样一个时刻保持热情的人，就像是一个小太阳，他会不停地发出光亮照耀着身边的人，给予身边的人力量。

若是每个人都有着这样的一份热情，这个世界就多了一些光亮，多了一颗又一颗探索的心，多了更多对幸福的追求，而我们也会更热爱这个世界，更热爱我们自己。

如果没有热情，这个世界的美，从来不属于你。

拼尽全力，才能看起来毫不费力

拼尽全力是什么？

听一个广告公司的朋友说，自己的策划能力在同事中，并不是很强，一次公司来了一单业务，要求公司内部比稿，他在忙碌了3天3夜之后，把自己的案子交了上去，走在凌晨4点钟的大街上，他的心特别坦然。忘记了胜出，忘记了落选，终于能够睡个好觉了。

小A经常被别人羡慕，她穿最时髦的衣服，背最潮流的包包，做最贵的美容，住CBD最好的房子。朋友都艳羡她，说她命怎么那么好，总是有花不完的钱。

面对朋友们的艳羡，她从来都不会过多解释。因为了解她的人自然不必多言，不了解她的人，她也不用说得太多。

其实她自己走过的路，她自己最清楚；她人后遭过什么样的罪，也只有她清楚。那些光鲜亮丽，都是自己赚来的；那些好的东西，她有资格享受。

　　她有多努力？

　　小 A 考研究生那年，她父母去广州看她，看得她父母直揪心，因为小 A 太忙了，忙得大热天的洗澡的时间都没有。那一阵，她为了赶进度，为了赶时间，白天黑夜地学习，连续 3 个晚上没有洗澡。

　　她把自己关在一间窄小的屋子里，没有空调，仅有一台马力很小的电风扇，一边滴答着汗，一边做功课。

　　她妈闻到她身上那股子"热骚味"，心疼得要拉着她回老家。她竭力说没事，能扛住，她妈才没有坚持。

　　一个女生，拼到那个程度，估计有人会说她活得太不精致了。但小 A 很清楚地知道自己想要什么，现在的粗糙才能换来以后的精致。

　　后来她顺利考取研究生，这些都是意料之中的事情，毕竟她拼尽了全力，没有偷任何懒，她想要的自然就来了。

　　不是人家愿意拼命，是因为除了拼命，没有其他办法，没有靠山的孩子，除了自己之外，还能靠谁呢。

　　参加工作之后，她依旧卖力。有一次因为将会下大暴雨，公司宣布提早下班，所有人都提早下班回家了，怕暴雨袭击，唯独她还在工位上坐着不动。

　　同事叫她走，领导也叫她走，她都向他们招手，示意他们先走，她还有事情没忙完。

　　因为走得不及时，等她方案改完时，暴雨已经下得稀里哗啦了，马路上的积水也很深，根本无法叫到车。既然回不去，那晚她索性在公司会议室的沙发上睡了一晚。

第二天她就受到了表扬，说她爱岗敬业，精神可嘉。同时她做出的方案也得到了客户的高度赞赏，并扬言以后他们的业务都归她来做。

这些对她来说，都是值得的，所有的辛苦委屈，都换来了肯定的答案。

她有资格享受那些美好的东西，因为那些美好，全部是自己辛辛苦苦赚来的。

现在的她走在路上，都会被路人艳羡，但那些羡慕她的人哪里知道她为了自己想要过上的生活，如此不要命地拼尽全力过呢。

如果你也羡慕，不妨问问自己，自己的人生有没有竭尽全力过。人后的拼尽全力，才能在人前看起来毫不费力。

说到努力，小B跟小A一样，也是个拼起命来不要命的人。他大学毕业之后，独自一人去了北京闯荡，找了份工作，做艺人经纪。

所谓的艺人经纪，并不是指某个艺人的经纪人，而是哪些公司需要请明星代言的，他们去洽谈，相当于中介。

才开始做很艰难，每天都要打很多电话，去联络客户，有些脾气不好的客户，接到电话后，会没来由地对他一顿破口大骂，他都绝不还嘴。他一天可以拨通200个电话，无论是坐着还是站着都在打电话。明眼人都知道，他是公司最勤快的人。

白天打电话，晚上背名单上的数字，例如哪个艺人出场费多少、他们有什么优势，都背得熟记于心。

他经常一个人出差在外，颠沛流离，每次出差回来，半夜到家，都是等不及洗漱倒头就睡。

因为做得很用心，他对公司的业务很快就了如指掌，慢慢地客户资源也越来越多。他人后躲在镜子前偷偷练习的神态，终于在那些重要场合上起到了作用，他的言行举止，都让客户觉得他非常专业，所以那份合同，非他莫属。

大概做了3年之后，他就另立了门户，加上平常人缘好，找他的人也不少。虽然开了公司，但大小事情，他都亲力亲为，绝不含糊，公司自然也就越做越好。

毕业后的第5年，他拥有了自己规模不小的公司，并在大城市安了家，把父母都接了过来享福。

其实无论小A还是小B，他们都跟大家一样，很普通。他们现在过上的亮丽生活，都只不过是在人后老老实实地拼命挣来的而已。

你要是也想像他们一样，过着"奢侈"的生活，那你就必须用自己的双手去拼命、去挣，不要双眼望着天空，等着馅饼自动掉落下来。